無壓力 零痛感

第一次哺乳就上手

權威哺乳諮詢專家的全方位哺乳聖經

新手媽媽照著做，哺餵母乳好輕鬆
追奶、塞奶、乳腺炎煩惱統統解決

陳思庭——著

［推薦序］

媽咪們的哺乳之路

四季和安婦幼診所院長／台大婦產部兼任主治醫師 **林育弘**

身為一個婦產科醫師，幾乎每天都會在產台上看見許多勇敢的媽媽們，她們歷經了陣痛及生產的疲累，終於迎接新生命的誕生！好不容易卸了貨，媽媽們卻無法好好休息，因為等待她們的是嗷嗷待哺的小傢伙們，而媽咪們的哺乳之路也就此展開。

很多媽媽回診時跟我抱怨：「餵母奶比生小孩還累！」原本以為終於忍過了生產的劇痛，接下來應該就沒什麼能難得倒女超人們，沒想到哺餵母奶卻狀況百出！

哺乳，原本應該是一件自然、美好的事情，但很多媽媽發現實際餵奶之後，有太多情況是自己無法理解與掌控的。雖然產後醫護人員也會幫忙衛教，但畢竟媽媽住院的時間只有短短幾天，加上生產完還處於手忙腳亂的適應期，就算有心想學，成效也有限。

幸好，近年來已經有越來越多像思庭一樣的專業人員投入泌乳諮詢的行列，可以提供媽媽們更多的協助。

思庭是正規醫療教育出身的專業人員，深知解剖學、生理變化、荷爾蒙及產婦心理變化，足以應付哺乳時所發生的任何問題，因此我認為是值得推薦給大家的。

最後，也要提醒所有哺乳中的媽媽們，不管是身體或心理上都要多注意放鬆，而長時間餵奶，方能減少乳腺炎發生的可能性。期望藉由思庭的這本書，讓媽媽們都能擁有更加完美的哺乳經驗，育兒之路也會留下更多美好的記憶。

【推薦序】

愛寶寶，也要愛自己

新英格蘭診所院長・恩主公醫院乳房外科兼任主任醫師 **黃柏榮**

物理治療師熟悉乳房結構，更能協助改善泌乳問題

能幫助哺乳媽咪改善泌乳問題的專業人士很多，例如通乳師、泌乳顧問，甚至是醫護人員等，而像思庭這樣的物理治療師，可說是其中最特別的。

物理治療師在接受專業養成教育的過程中，對於身體的結構，尤其是軟、硬組織的區隔特別重視，因此對乳房軟組織的構造非常熟悉。當他們將這些專業應用在哺乳、泌乳這塊領域時，必定會更加地得心應手。

在我的門診中，常會遇到哺乳期出現問題的媽咪，例如乳腺炎、乳腺膿瘍等。好幾次，我發現有些病患藥物治療的效果比想像中好很多，症狀的改善也比預期更快。好奇心驅使下，我詢問病患除了藥物之外，是否還有搭配其他治療方式？這才知道原來很多媽咪也會同時尋求物理治療師的幫助。物理治療師因為經過醫學院四年的訓練，也具有專業的醫療背景，因此跟醫護人員在溝通上會更加

容易，他們提供的改善方式也會比較正向。

思庭擁有物理治療師的背景，對於泌乳專業又非常有熱忱，跟她接觸過的人，都能感受到她平易近人的個性。此外，思庭也非常具有同理心，對於媽咪們提出來的問題，都會盡可能地去協助解決，我想這也是她得到許多媽咪信賴的原因。

懷孕及哺乳時，都不應忽略乳房健康

懷孕時，不管是孕婦本人或家人，都會把注意力集中在準媽咪的肚子上，大家關心的焦點都是胎兒是否健康？成長的速度是否正常？對於乳房的關注反而不夠。因此，我要提醒所有的孕媽咪們，接近臨盆前一個月，脹奶的情況已經很明顯，此時就應該多觀察初乳分泌的狀況。建議生產前可以先到乳房外科門診諮詢，同時也可以接受超音波檢查，事先看看乳腺是否通暢。早一點做好準備，可以減少將來塞奶的可能性。從臨床經驗來看，乳房纖維囊腫的病患哺乳時得到乳腺炎的比例較高，因此更應該提早接受檢查。

所有的女性都不應該輕忽乳房出現的異常及變化，即使是哺乳中的媽咪們。雖然乳塊是哺乳期中很常見的現象，但如果讓寶寶吸了一天之後仍未縮小或消失，建議一定要至乳房外科檢查，利用乳房影像學的鑑別診斷，來辨別到底是乳塊還是病灶。愛寶寶也要愛自己，相信也是思庭這本泌乳專書所要傳遞給媽媽們的信念。

目錄

3 哺乳期最常見的困擾

4 新手媽媽常犯的錯誤

〔前言〕

快樂哺乳，人生就是彩色的

如果問一位新手媽媽，產後覺得最痛苦的事，我想很多人的答案都是「擠奶」吧！當塞奶、有硬塊時，因為害怕變成石頭奶，所以再痛也要用力把乳汁擠出來；此外，為了配合固定的擠奶時間，半夜還得摸黑起床，搞得天天睡眠不足。擠奶真是一條辛苦的道路啊！只是，媽媽們有沒有想過，哺乳真的需要這樣辛苦嗎？難道沒有無痛又輕鬆的泌乳方法嗎？

在成立自己的公司之前，我曾在月子中心工作，臨床經驗的累積讓我非常了解產後媽媽們的情況。由於現代家庭很多都只生一胎，產婦幾乎都是新手媽媽，大多都沒有哺乳的經驗，只能聽從醫院或月子中心護理人員的指導。但事實上，目前台灣的醫療人員醫護比不足，導致護理師臨床負荷過大，剛生產後媽媽的身體及傷口照顧已經讓護理人員忙得不可開交，乳腺的問題及衛教往往只能簡單帶過。但其實哺乳、泌乳是一個需要花時間跟耐心個別指導的專業領域，觸診及按摩手法也是一大學問，因為乳房裡除了乳腺還有淋巴、血管、脂肪墊跟結締組織，甚至亞洲女性高達七成以上胸部常有纖維性囊腫、水泡，結構非常複雜，若是手感及經驗度不夠的話，可能會誤以為較硬的組織就是塞奶。臨床人員處理塞奶的手法上常常硬推、硬擠，這樣不但會讓乳房組織更受傷，造成外觀瘀青與疼痛外，甚至讓乳腺發炎，同時也會讓新手媽媽在心中留下陰影，對哺乳加深恐懼的心理。

我會走上泌乳諮詢這條道路，也是因為這些原因。

從物理治療轉換跑道，成立工作室

我大學就讀物理治療系，畢業後就到骨科診所擔任物理治療師。在台灣，很多物理治療師的工作是根據醫囑操控機器，但其實物理治療最大的特色是「徒手治療」，大學四年期間，我們花了很多時間及心力在學習這門專業，像是了解筋膜、肌腱等軟組織沾黏問題，或肌肉太過僵硬的緩解方法。

雖然我對物理治療師這個行業充滿了期待，但就業之後才發現實際工作內容跟想像有落差。正好此時，一位跟我感情不錯的學姐產後有塞奶的問題，在醫師的建議之下，她找了護理師擠奶，沒想到硬推之後卻演變成乳腺炎。由於讓護理師擠奶實在太痛了，她要求我模仿相同的手法幫她擠奶，雖然我已經手下留情，下手並沒有像護理師那麼重，但學姐還是不斷喊痛。不久後，學姐又介紹了另一位新手媽媽來找我，但因為跟對方並不是太熟悉，我在力道拿捏上就更加小心翼翼，不敢太過用力。這次沒有使勁硬擠，但乳腺還是疏通了！讓我很有成就感。

經過這兩次經驗，我開始回想，過去遇到因燙傷而造成組織沾黏的病患，在復健過程中，我是如何讓他們降低疼痛感呢？因此，我將乳房構造模擬成軟組織，並與乳房外科醫師共同討論，參考國外文獻及手法，創造了「無痛乳腺疏通」。當然，我的技巧還不夠純熟，還有很多需要修正的地方，但我體悟到擠奶成功與否不在於力道的大小，而是先了解乳房組織結構，找出真正病因，再來判斷是否擠以及如何擠。

因為對「產後泌乳」這塊領域產生了興趣，於是我便到月子中心擔任泌乳諮詢師的工作，期間擠過無數個產後媽媽的乳房，也幫她們解答了大大小小的疑惑。跟媽媽們親密接觸的過程中，我深刻感受到產後泌乳真的是一門相當專業的學問，如果處理不當的話，可能會衍生出許多意想不到的問題。

哺乳別忽視乳房健康

有一天，一位媽媽因乳房有硬塊而打電話來求助。

我聽了她的描述後，首先詢問：「妳是否看過醫師？」

她回答：「有的，醫師診斷後說是乳腺阻塞造成的硬塊。」

實際觸摸過她的乳房後，我感覺跟一般塞奶的情況不太一樣，不但硬塊不會移動，皮膚也有點乾燥。不過，當我提出疑問之後，這位媽媽卻十分肯定地告訴我，她前一天才看過婦產科醫師，並且照過超音波，絕對是硬塊沒錯！在她的堅持下，我試著花了一、兩個小時幫她處理，但硬塊卻完全沒有縮小的跡象。我依經驗及直覺判斷，這樣的情況不太對勁，於是強烈建議她再去找乳房外科確認一下。但由於她對前一位醫師的診斷堅信不疑，加上要照顧寶寶沒時間，所以就一直拖著。大約兩個月後，我帶她去找泌乳顧問諮詢，對方本身也是一位小兒科醫師，她看了這位媽媽的情況後，建議改以親餵加上掛奶的方式，認為哺乳時讓小朋友幫忙吸吮，硬塊自然而然就會消失。大約又過了一週後，媽媽的乳房開始發生變化，而且身體也越來越不舒服，此時她終於決定到大醫院看乳房外科，沒想到醫師當場就判定她應該是罹患了乳癌。經過一連串的檢查後，確診為猛爆型乳癌第三期，而且不到一個月的時間，這位媽媽就過世了。

這件事令我感到震驚難過，也覺得十分遺憾。生產後媽媽們的身心變化往往非常大，因此需要更留心照護。雖然有問題時可以去看醫師，但醫護人員要照顧的病患實在太多了，不太可能花太多的時間及心思在單一病患身上。泌乳諮詢顧問是跟媽媽們親密接觸的第一線工作人員，相較之下也能提供更多的時間，可以給予更體貼、更適合的照顧及建議，而這也是我決定成立自己的團隊的初衷。

當一個好媽媽，不只是注重哺乳而已，要學會愛護自己的乳房，才有能力給家人更多的愛，人生的色彩也才能更豐富！

1

孕期哺乳準備

親餵，最容易達到供需平衡

瑤瑤跟先生結婚後一直都沒有懷孕，經過不斷努力做人後，才終於有了寶寶。懷孕後，每次感覺到寶寶在肚子裡動來動去，她都十分感動，期待和孩子見面的那一天趕快到來。

瑤瑤身處的工作職場以女性居多，看到同事產後回來上班時會利用休息時間擠奶，她覺得若從一開始就瓶餵，寶寶就不用經歷從親餵轉瓶餵的過程，會比較順利一些。不過，也有親友勸她最好親餵，因為藉由寶寶的吸吮，奶水才會源源不絕，也才能達到供需平衡。身邊同樣有哺乳經驗的姐妹淘紛紛也給予意見，一開始讓瑤瑤不知所措，是否親餵才是最好的哺乳方式？瓶餵真的比較難供需平衡嗎？

看過不少案例之後，我深深覺得「供需平衡」是哺餵母乳最理想的境界，不必為了奶量而刻意拚命追奶；相反地，反而要視媽媽與寶寶自身的情況，調整餵奶的時間及次數。

如果是以最原始的狀態來看，親餵當然是最自然的方式。想想看，遠古時代的媽媽都是孩子餓了就抓過來吸奶，而且很少有吃不飽的情況發生。

不過隨著時代的變遷，也有不少媽媽選擇把奶水擠出來瓶餵。其實，不管親餵或瓶餵，只要規律地將奶水移出，就能達到刺激乳腺的作用，無論是藉由寶寶吸吮或用手擠出來都行。

奶水分泌是有生理時鐘的，瓶餵的媽媽規律地排出奶水，就會慢慢讓身體習慣規律地製造分泌，因此奶水較少的媽媽，可以將擠乳次數變得密集、頻繁一些，進而刺激分泌的總量。

親餵是比較簡單自然的方式，只要寶寶有尋乳需求時抓過來吸奶，不必刻意去計算奶量，哺乳頻率自然與需求一致，就很容易達到供需平衡！這也突顯了「依需求餵食」的重要性。假設寶寶一天的奶量需求是六百cc，奶水較不足的媽咪，可能每次擠奶量只有五十cc，那麼就必須一天擠十二次，而另一位每次都能擠一百cc的媽咪，只要每天擠六次就夠了。這個舉例只是要讓媽媽們知道，每個人的天生產量本來就不一樣，寶寶的需求量也不一樣，所以每個人的哺乳頻率或擠奶頻率，須依「需求餵食」的觀念去執行，就能供需平衡。

舉例來說：奶量少的媽咪更應頻繁擠乳，讓乳房變得鬆軟，因為大腦覺得你需要的量這麼多，就會一直不斷地生產。聽起來是不是很像工廠出貨的概念？奶量大的媽咪，就好比是一間大工廠，線上的作業員足夠，因此一天裡只要工作一小段時間就能應付消費者所需；而奶量小的媽咪，是作業員比較少的小工廠，但因為產品賣得不錯，所以需求量也很高。當消費者不斷地買貨、銷售端不斷地叫貨，工廠感受到需要提高產值，就會一直努力生產，製作出更多的存貨。

試試看，只要用這樣的方式自我訓練及調整，原本奶水不足的媽媽也能漸漸追上泌乳量，而奶水太多的人，也不會老是脹奶而讓乳汁溢出來了。

胸部CUP跟奶水多寡沒有直接關聯

曉芳懷孕六個多月了，她跟所有的準媽媽一樣，滿心期待寶寶的出生，但有件事卻令她非常擔憂。曉芳的身材高高瘦瘦，胸部則是令她從以前就很自卑的小A罩杯。當她得知自己懷孕時，第一時間馬上告訴閨蜜，沒想到對方卻笑著說：「妳慘了，胸部那麼小，奶水一定很少，寶寶一定吃不飽啦！」雖然知道這是句玩笑話，但卻在她的心裡揮之不去，難道胸部小就不能給孩子最好的母乳嗎？胸部cup大小跟母乳量多寡，真的有關聯嗎？

我在月子中心工作時，常看見有些媽媽真的是「天賦異秉」，乳汁多到擠出來後可以塞滿整個冷凍庫，但有些媽媽怎麼擠都只有一咪咪而已。雖然奶量不足很令人苦惱，但奶水爆多其實也讓有些媽媽們困擾不已。

有很多新手媽咪問我：「思庭，是不是因為我乳房太小，所以奶水才那麼少？」事實上，奶量多寡跟乳房大小無關，而是跟媽媽的心情息息相關。

「人類是哺乳動物」這是我們從小就知道的常識，因此理論上應該每個人都可以純餵母奶，鮮少會有奶水不足的情況。不過，影響乳汁分泌的原因很多，「情緒」則是最重要的因素。一個心情放鬆的媽咪，才能讓催產素及泌乳激素順利分泌，因此唯有用愉悅的心情來哺乳，才不會影響乳汁的量。

很可惜的是，現代人的生活中有太多的壓力，加上產後須面對及學習的功課太多，讓很多媽媽無法輕鬆餵奶。

此外，不管是網路資訊或月子中心都奉行三、四個小時就要擠一次奶的原則，若產後沒有按表操課認真擠奶，還會被身邊的親人白眼相待，認為就是因為媽媽偷懶才導致奶水不足，寶寶吃不飽只好喝配方奶，太多的規定及框架正是導致媽咪們產後憂鬱的一大原因，而這種齊頭式平等的觀念，也是造成供需無法平衡的主因。

因此，想要追奶的媽媽們，千萬別給自己太多壓力，只要心情放鬆、有規律地哺乳或擠奶，一段時間後就會供需平衡了喔！

乳頭異常還是可以哺乳

小蓁從小就有乳頭凹陷的問題，因為不會影響生活，一直以來都不以為意，也沒有特別去看醫師。等到自己懷孕了以後，才突然想到：「這樣寶寶要怎麼吸奶啊？」於是開始緊張了起來。小蓁曾聽說只要用空針筒去吸凹陷的乳頭，就能把乳頭給吸出來。產檢時，她忍不住問了護理師這個方法可行嗎？對方卻警告她不可以，否則會有宮縮流產的危險。天生乳頭異常的媽媽，想要哺乳該怎麼辦呢？

有些女性天生就有乳頭凹陷的問題，不過，也有媽媽哺乳後才發現自己乳頭有輕微凹陷的情況，擔心會造成寶寶吸乳的困難。

乳頭凹陷並不是疾病，而是先天性結構異常，一般可分為三個等級，輕度的情況很容易用手拉出，而拉出後又常陷進去的屬於中度凹陷，只有重度凹陷狀況，乳暈的環狀纖維過厚，甚至會看不見乳頭，當然也就拉不出來。

小朋友喝奶主要是以「含乳暈」的方式，再用舌頭及下顎活動把奶水勾出來，我在臨床中發現輕、中度的乳頭凹陷都還能含到乳暈，經過輔導，媽媽基本都是可以正常哺乳，而重度凹陷已經到達乳頭深陷、無法見天的程度，寶寶吸不到乳頭，當然也就無法進行親餵，只能用手將乳汁擠出來瓶餵。

其實，乳頭凹陷在女性青春期左右應該就能發現，若能及早處理並不需要手術。通常醫師會利用空針來牽張，幾次之後就會改善。乳頭重度凹陷的女性，懷孕前就應該先做乳房健康檢查，之後再做乳頭塑型手術，方法是把乳暈下的組織纖維放鬆及矯正，過程並不會太麻煩。

提醒乳頭輕、中度凹陷的媽媽們，因為奶水容易淤積在裡面，哺乳期要特別注意衛生問題，每次餵奶或擠奶後，都要用衛生紙或毛巾把淤在凹陷處的奶水吸掉，才不會因為潮濕滋生細菌。

乳頭輕、中度凹陷，懷孕時可配戴牽引器

在還沒進入母乳哺育這個領域之前，我以為大部分人的乳頭長相都是大同小異，接觸過這麼多媽媽以後，我才知道原來每個人乳頭的情況都不一樣，有些大、有些小，有些長、有些短、有些略為平坦，還有不規則型的。

雖然乳頭結構百百種，但只要不是深度凹陷，其實都不太會影響泌乳，而中、輕度凹陷者，建議懷孕時就可以配戴乳頭牽引器來矯正。靜態牽引其實是類似復健的概念，例如小兒麻痺症的小朋友，手臂因為筋攣無法伸直，必須使用鐵架來協助拉開手部肌肉，才能矯正姿勢。同樣地，如果有乳頭凹陷的情況，大約懷孕二十八至三十七週左右，就可以開始配戴牽引器。初期可以先試戴十分鐘左右，看看有無不適感，如果沒有的話，每次戴三十分鐘後就可以休息，間隔二小時後再繼續配戴即可。此外，建議乳頭形狀較特殊造成寶寶含乳困難的媽咪，除了親餵前可以用牽引器塑型一下，也可以用手按摩至激突，然後再稍微擠掉一些奶水，讓乳暈變得比較柔軟，小朋友的嘴也比較容易含得住。

乳痂易堵塞乳孔，影響乳汁分泌

明芳大約孕期三十二週左右，開始發現乳頭上有一點白白的結痂，上網查了資料後發現是「乳痂」。原本她都會趁洗澡時順便用手摳一摳，當她不經意把這件事告訴姐姐時，卻被警告不能隨便清掉，否則可能會引起宮縮。好奇的她又再度上網去搜尋，發現有些網友說乳痂不清，會讓乳孔阻塞，導致塞奶的情況。到底乳痂該怎麼處理才好呢？

乳汁的生成大概從孕期的第十六週開始，到了懷孕中、後期，有些媽媽會發現自己的乳頭跑出一點點透明的分泌物，量雖然不多，但其實這就是初乳。有些人初乳很早就開始分泌，久而久之，乳頭上會形成一些乳痂，如果積累太多的話，可能會卡住泌乳孔，造成往後塞奶的困擾。

如果發現乳頭出現乳痂時，可以開始做一些乳頭的維護工作，方法很簡單，只要拿化妝棉沾一點植物油，輕輕擦拭一下乳頭，之後再撥掉即可。

如果是乳頭比較乾燥的媽媽，也可以在上面抹一些植物油，再按摩一下乳頭，方法是用手指一直摩擦乳頭到感覺有溫度之後，再稍微輕輕地按摩即可。乳房開始脹奶後，有時乳頭會出現裂縫、裂痕，甚至感覺疼痛，可以利用這樣的方法來保養。

懷孕滿三十七週，可開始產前擠奶

語真是個年輕可愛的孕媽咪，跟現代年輕人一樣非常重視網路資訊。有一天，朋友傳了一則貼文給她，大意是說婦產科醫師提倡孕婦懷孕滿三十七週就要開始產前擠奶，可以提早刺激泌乳及趁早練習，之後哺乳會更順利。不過，婆婆卻說不可以，認為懷孕就擠奶會早產。新、舊觀念在語真腦中形成天人交戰，到底該不該為了讓母乳之路更順暢，而違背婆婆的意思呢？

近來，有些婦產科醫師開始推廣孕期就可以開始練習擠奶，表示這樣的做法只有好處沒有壞處，提早刺激乳房就不怕將來奶少，讓很多準媽媽躍躍欲試。不過，有些媽媽則擔心擠奶會引起宮縮，造成早產風險。

孕期開始擠奶的作用是希望媽咪們產前都能做好準備的工作，不要等到產後才手忙腳亂地臨時抱佛腳，這就如同職前訓練一樣，讓產後的工作可以比較容易上手。

到底需不需要產前就開始練習擠奶，我認為需視媽媽的個性而定，喜歡按部就班，事先把一切工作都準備齊全的媽咪們，產前練習擠奶可以讓心情比較安定一些。擠乳的確會刺激子宮收縮，因此想要嘗試孕期擠奶的媽媽們，建議最好在懷孕後期，也就是差不多三十七週左右是較理想的時間，因為此時寶寶已足月，就不用擔心早產的問題。

不過別忘了，三十七週開始擠奶只是練習用，不用像產後那樣拚命按時擠。此外，擠出來的奶水也可以用最小號的空針收集起來，放在冰箱冷凍庫裡保存。至於崇尚天然派的媽咪們，如果不想產前擠奶也不必刻意跟隨潮流，畢竟產後開始哺乳是最自然的方式，只要產前常上媽媽教室，多了解哺乳的常識，相信到時一樣能得心應手。

初乳不是大寶的專利

雅婷是個崇尚母乳的媽媽，大寶出生時，看到他一邊吸著自己的ㄋㄟㄋㄟ，一邊露出滿足的表情，真的是當母親最大的成就感。雅婷聽說媽媽的初乳對小孩的免疫力很好，可以減少生病的機會，因此產後無論再辛苦也要哺餵母乳。老大在雅婷細心的照料下，果然長得頭好壯壯，而且也很少生病，這讓她感到很欣慰。雅婷覺得孩子這樣健康活潑，都是初乳的功勞！有了前一胎的經驗，當她又懷上二寶時，當然也想繼續哺餵母乳，但是問題來了，雅婷認為初乳是媽媽一生中最初的泌乳，所以才格外珍貴，大寶有初乳加持，才會如此健康，但二寶就沒有如此幸運了，沒有初乳可以喝，是不是就少了為體質打底的機會呢？

人是哺乳類動物，媽媽的初乳可說是匯集了各種營養精華，對剛出生的寶寶而言是非常重要的。唯然初乳只有一點點，但新生兒的胃口非常小，初乳就可以滿足他們的需求。

我在從事衛教工作時，有些媽媽會問我：「思庭，我家老大有喝到初乳，老二沒有初乳喝，抵抗力會比較不好嗎？」原來，這些媽媽認為大寶吃到營養豐富的初乳，免疫力會比較好，而二寶少了初乳的加持，身體可能會比較差。

初乳，並不是指「人生第一次泌乳」，而是「每一胎產後初期所分泌的奶水」，所以是每次產後都會有的，因此不管是大寶、二寶、三寶……喝到初乳的機會都是一樣的喔！

此外，乳汁會依據寶寶的成長而自動調整營養成分，因此又可分為「初乳」、「過度乳」及「成熟乳」。一般而言，分娩後五天內都屬於初乳，五到十四天則是過度乳，之後的就都是成熟乳。

1. **初乳**：通常顏色較黃，不過每個媽媽身體情況不同，初乳的顏色也不完全相同。初乳的體積小、能量高又含有高免疫球蛋白，正適合新生兒。初乳含有生長因子，能促進小腸絨毛成熟，阻止不全蛋白代謝產物進入血液中，預防過敏反應。此外，對寶寶而言，初乳具有輕瀉作用，能促使胎便早日排出體外，進而降低黃疸發生的機率。
2. **過渡乳**：過渡乳脂肪含量逐漸增高，蛋白質及無機鹽含量比例也會逐漸減少。
3. **成熟乳**：為了提供寶寶成長所需的水分，成熟乳大約百分之九十是由水分組成的，因此外觀看起來會清淡一些。成熟乳富含蛋白脂、脂肪、乳糖、維生素及礦物質等，足以應付寶寶所需的營養成分及熱量，因為媽媽的泌乳量也會越來越大，不管是質或量都能滿足寶寶的需求。

母乳的主要成分

1. **水分**：母乳中約有百分之八十八都是水分，可完全供應六個月大之前寶寶的水分需求，因此只要喝到足夠奶水，尿量充足的純母乳寶寶無需額外供給水分。

2. **乳糖**：母乳中最大比例的營養成分來源，是能量的泉源。

3. **脂肪**：寶寶大腦發育和維持身體構造的重要成分。

4. **蛋白質**：會分解成氨基酸，成為寶寶肌肉的來源。此外，還是重要的免疫蛋白質如乳鐵蛋白和分泌型免疫球蛋白的主要成分。

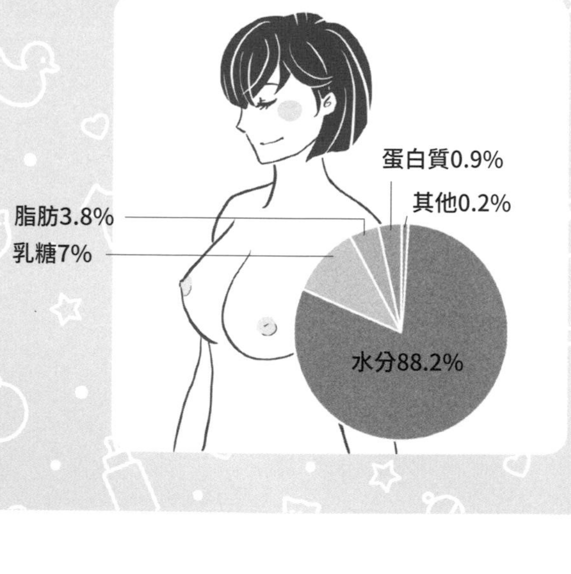

（選錯吸乳器，乳頭變形又塞奶）

心潔生第一胎時是全親餵，但大寶吸奶時好像吸不太到，因此會用力拉扯，有時甚至吸到出血。第一胎餵母乳的經驗實在太「痛」不欲生了，因此第二胎她決定換成瓶餵，也就是先將奶擠出來，之後再用奶瓶哺餵。

既然決定瓶餵，心潔於是到網路平台參考其他媽媽的意見，不斷比較哪個牌子的吸乳器比較好用，然後也火速敗了一台。二寶出生後，心潔迫不及待地拿出吸乳器來使用，但不曉得是不是太緊的關係，吸奶時很不舒服，使用幾次之後乳暈還出現裂縫，不但沒達到快速擠奶的功效，乳頭還因此受傷了。「原來瓶餵比親餵還麻煩，吸乳器也沒想像中好用嘛！」吸乳器讓心潔的乳暈疼痛不已，想要重新換回親餵……

很多媽媽覺得手動擠奶實在太累了，因此對吸乳器寄予厚望，以為用了就會奶量大增，並且變得比較輕鬆、省力。其實這樣的想法未必完全正確，吸乳器有可能會讓擠奶變得事半功倍，但也有可能造成乳頭的傷害。因此，別看到網友們推薦好用，就急著購買相同的吸乳器，先搞清楚自己適不適合。

大部分的媽媽生產前就開始大肆添購哺乳用品，吸乳器通常也列在清單裡。不過，如果決定要親餵的話，吸乳器很可能會派不上用場，買了晾在一旁也是浪費。至於決定要瓶餵的媽媽們，挑選吸乳器時，一定要注意是否適合自己。此外，吸乳器並非產後就能立即使用，時機要在乳腺暢通時、且每次擠乳量超過三十ｃｃ以上時才適合。有些奶量比較大的媽媽，乳房深層的奶水可能無法透過吸乳器吸出，建議每次使用完需再檢查一下乳房是否完全變鬆，如果局部還有明顯硬塊，但吸乳器已經吸不出奶水了，就必需再徒手將硬塊排除。

每個人的胸型及胸腔壓力都不太一樣，適用的吸乳器也不一定相同。一般吸乳器附屬罩杯規格為21~23mm，但有些媽媽乳頭偏大或過小，若使用不符合大小的喇叭罩或容易引起乳頭、乳暈水腫受傷。

想知道吸乳器適不適合自己，最簡單、最準確的方法就是試用看看，有些賣場有展示品可試用，或向其他親友借來測量看看。

如何選擇吸乳器？

測量寬度：

將罩杯套在乳頭，以乳頭的邊界計算離喇叭罩的邊界是否間距3mm。

如果間距過小，容易因摩擦導致乳頭皸裂，間距過大則會水腫變形。

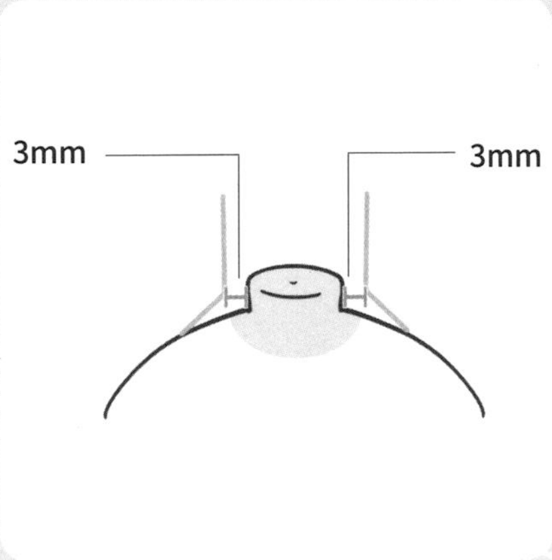

分娩前先採買！產後必備用品全攻略

小艾從懷孕開始，內衣的罩杯就不斷升級，胸圍也越來越大。由於孕期就開始脹奶，因此她選擇內衣的款式就以舒服為主，不過到了懷孕後期，考量到之後哺乳的方便，因此決定先入手幾件哺乳內衣。雖然產後要哺餵母乳，但她還是希望內衣穿起來能修飾一下胸型，不要鬆垮垮，以免以後雙峰嚴重走山。選擇哺乳內衣時，要把握的重點有哪些呢？而產前除了哺乳內衣之外，還要準備哪些東西呢？

很多媽媽產前都會準備生產包，產後就直接拎到坐月子中心，但是裡面的物品都是事先預備好的，往往要用到時才發現不適合。當然，最好的方式是產後再依需要添購，但由於坐月子長達一個月無法出門，因此大部分的媽媽們還是會事先採購。建議大家，每樣物品採買的量不要太多，等到實際用過之後，再決定是否追加。

1. **哺乳內衣**：以寬鬆、棉質、透氣的內衣為宜，例如像運動內衣一樣包覆型的，不建議購買有鋼圈的類型，不然可能會壓迫下方乳管，造成奶水阻塞的情況。其實，產後脹奶再去購買內衣尺寸會最準確，若要事先準備，一般會選擇比孕前大二個罩杯的尺寸，或大約三十七、三十八週左右再去諮詢專門買哺乳內衣的銷售人員較適宜。
2. **哺乳枕**：市面上的哺乳枕強調依人體工學設計，讓餵奶更方便、省力，但如果預算不夠，也可以多利用家裡現有的枕頭或毛巾捲來代替。
3. **溢乳墊**：不是每個媽媽都有嚴重溢奶的問題，建議先少量購買即可。
4. **母奶保存袋**：市售的母乳袋幾乎是一百五十ｃｃ起跳，較適合有長期儲存母乳需求的人，例如產後回職場或將來寶寶要給其他人帶。我通常會建議媽媽們不如購買集乳瓶，可以直接冷藏、加熱，不用再把乳汁倒出來，使用上較為方便。
5. **有機植物油**：感覺胸部皮膚有點敏感時可以塗抹，吸收度較佳，對傷口的修復很有用。

2

哺乳、追奶，一定要搞懂的問題

發奶、塞奶及退奶食物大解密

奶水不夠是很多新手媽媽最擔心的事，看到寶寶每次都吃不飽，還要搭配配方奶，有些人也會覺得愧疚，因此想辦法拚命追奶。潔如也是奶量不足的新手媽媽，為了追奶，產後就不斷地喝湯湯水水，聽長輩說花生豬腳發奶的功力很強，即使不喜歡吃，也只好硬吞下去。潔如的婆婆為了讓孫子有足夠的母乳可以喝，也大費周章地準備麻油雞、魚湯、青木瓜排骨湯等，卻總是看不見效果。心急的婆婆忍不住唸了句：「為什麼別人喝了都有用，妳怎麼喝都沒奶呢？」飽受壓力的潔如忍不住紅了眼眶，她真的不明白，為什麼自己這麼努力了還是沒奶水？是不是天生體質比別人差呢？

哺乳中的媽咪，人人心中都有一套武林秘笈，那就是「吃什麼容易發奶？」、「吃什麼容易塞奶？」、「吃什麼會退奶？」。

我在月子中心服務時，常看見好多媽咪房中都有整箱的黑麥汁，為了讓產婦有奶可以餵寶寶，婆婆媽媽們也會幫忙準備花生豬腳或雞湯。以上提到的這些再加上珍奶，這些傳說中超級會發奶的食物，簡直是哺乳媽咪們心目中的救世主吧！

我在幫媽咪服務時，也有好多人會問我到底哪些食物才真的會發奶？接觸過這麼多產婦，聽她們分享了無數的心得，我心中當然也有發奶、塞奶及退奶食物的排行榜。但在分享之前，我還是要提醒各位媽咪們，食物並不是影響乳汁分泌最主要的因素，情緒才是最重要的。有些人說喝了珍珠奶茶後，乳汁就會源源不絕，很有可能是因為喝到了自己喜歡的飲料、心情變好的結果，發奶功力也大為提升。同樣地，喝黑麥汁或花生豬腳會發奶，原因可能是吃了這些食物後，信心大增，奶汁當然也就一路發、發、發囉！

不過也要提醒大家，別的媽咪吃了會發奶的食物，未必適合妳，例如有些媽媽一喝魚湯奶量就會大增，但對討厭魚腥味的人來說，如果硬逼自己喝下，反而會因為壓力而影響泌乳量。發奶的食物有百百種，記得選擇自己原本就喜歡的種類，才能讓奶量直線上升喔！

泌乳食物大剖析

	發奶	塞奶	退奶
原理	水，是奶水裡最重要的成分，約佔95%，其餘5%則是由蛋白質所組成。因此發奶食物必須具備湯湯水水及高蛋白質等要素。	當母乳中的脂肪酸凝結成凝乳塊時，就會造成乳腺阻塞。因此高油脂的食物會提高塞奶的機率。此外，懷孕時發胖，導致體內脂肪過高，也容易造成塞奶。	逐漸減少擠奶的頻率，並且搭配食物性荷爾蒙加速乳管萎縮，才是自然退奶的好方法。
食物種類	黑麥汁 雞精 豆漿 魚湯 蚵仔湯、蛤蜊湯 青木瓜排骨湯 花生豬腳 熱鮮奶茶或珍奶 菠菜水餃 海帶芽 紅蘿蔔 山藥排骨湯 燕麥粥 榴槤 雞肉、牛肉 鳳梨 芝麻 黑糖水 蛋花酒釀 紫米粥 香蕉 茴香	全脂牛奶 起司 乳酪 焗烤 糯米類（油飯、肉粽） 蛋糕 巧克力 奶油 手工餅乾 洋芋片 薯條 漢堡 雞排 麻辣鍋 鳳梨酥 芭樂 柿子 未成熟香蕉 櫻桃 堅果類（杏仁）	韭菜 人參 大麥芽 麥茶 竹筍 薄荷 菊花茶 瓜類 （苦瓜、絲瓜、西瓜） 蘆筍 梨子 大白菜 咖啡 花椒 空心菜 白蘿蔔 花椰菜 豆豉

	發奶	塞奶	退奶
貼心小叮嚀	發奶食物效果因人而異，吃到符合體質的發奶食物，乳汁約在一到兩天後增量。 心情、疲累程度也跟奶量有關，心情放鬆才是發奶關鍵。	卵磷脂成分具預防乳腺阻塞效用，但並非人人都有效。卵磷脂的作用是將大分子脂肪酸乳化為較小分子，進而降低乳汁濃稠度。 飲水量太少，會導致乳汁變得較為濃稠，也較易塞奶。建議哺乳媽咪每天水的攝取量為2000~2500c.c./天以上。	誤食退奶食物（如：不小心吃到一、兩顆韭菜水餃）不需緊張，食物荷爾蒙需一定的量才能發揮作用。

Q：產後如何幫助傷口復元？飲食上該注意什麼呢？

產後一週內盡量避免食用含麻油或酒類的藥膳（如麻油雞、麻油腰子、燒酒雞等），以免影響到傷口癒合的能力，延緩修復的時間。建議以「清淡」、「溫補」、「少量多餐」為原則，只要熱量攝取足夠、均衡飲食、多補充優質蛋白質即可幫助傷口癒合。

Q：吃素媽咪應如何選擇？母乳營養成分會因吃素而不營養嗎？

建議素食媽咪哺乳期蛋奶素才能夠補充足夠的營養和鈣質，蛋類含有豐富的卵磷脂，對於泌乳和補充營養有幫助。全素者建議額外補充維生素B12，因為維生素B12的主要來源是動物性蛋白質。若母體缺乏維生素B12，可能會影響寶寶日後的神經學發展。

Q：母乳媽咪可以喝咖啡嗎？

建議母乳媽咪食用咖啡因量盡量控制在兩百到三百毫克以內/天，也就是差不多一天一杯中杯拿鐵的量是不影響的。如果擔心寶寶躁動不安、不好睡，可以在時間上做調整，盡量在下午三、四點之後就不要再攝取含咖啡因的飲料，以降低對寶寶夜間睡眠干擾。喝完咖啡因飲料後，兩小時之後再哺乳。

產後體虛別心急，恢復元氣才能成功追奶

古人說：「生過米酒香，生不過四塊板。」雖然現今醫療技術較古代發達許多，但生孩子還是有風險。蕙芬是我曾經服務過的媽媽，當時她在孕期二十週開始住院安胎，生產時又遇上產後大出血，還被送到加護病房。看到她孕程跟產程如此辛苦，所有的人都勸她產後先好好休息，但她擔心孩子沒有母乳可喝，以後免疫力會很差，因此再累也要親自哺乳。只是不管她怎麼努力追奶，也拚命喝湯湯水水，乳汁還是非常少，幾乎可說完全沒有。每次擠完奶後，她都難過地紅了眼眶，為什麼這麼努力了，還是沒有乳汁呢？

生產對女性來說是人生大事，並非所有媽媽生產都很順利，可能因子宮收縮不全、前置胎盤、產道裂傷等原因造成產後大出血，有些人簡直像從鬼門關前走了一回。產後出血量過大，容易造成身體虛弱，整個人感覺十分疲累，也就是中醫常說的氣血不足。此外，年紀較大或新陳代謝較差的媽媽們，也容易有身體虛弱或氣血虛的情況。當身體太過虛弱無力時，製造乳汁的能力也會變差，容易

出現分泌不足的情況。

如果是這種類似的媽媽，我都會勸她們先好好休息，把身體養好再說。想想看，此時身體的條件已經不好，再加上一直擔憂寶寶沒奶可喝，在體力及情緒都不好的情況下，再努力擠奶也是徒勞無功。因此，先好好休養身體，別讓哺乳成為一種壓力及負擔，這時媽媽可以做的就是讓寶寶多陪在身邊，抱抱他，可以的話多一些肌膚上的接觸，維持跟寶寶良好的連結與互動。

若身體逐漸復元時，可以試著親餵或徒手擠奶，通常我還是會建議以親餵會優先選擇，因為瓶餵不但要花時間擠奶，還要消毒奶瓶及擠奶器具，相較之下，真的比較累。親餵時，若乳房明顯變軟或寶寶已經鬆口，就可以先暫停休息，如果寶寶還想喝奶，可以讓家人幫忙補瓶餵。

漸漸地，當身心狀況越來越好時，寶寶親餵完後，想追量可以多花一點時間再把奶水擠出來。例如，下午兩點開始親餵，兩點半親餵完，可以再多花五到十分鐘的時間擠奶。多增加奶水移出率，奶量也就會逐漸上升。

擠奶前做好準備，奶量直線上升

產後一結束，丞玲重新回到職場時，就發現奶量少了一大半。除了擠奶的頻率不再像以前那麼頻繁之外，在緊繃的情緒跟工作環境下擠奶，也是讓奶量驟降的一大原因。由於每次擠奶加事前準備用具，都需用掉半個小時以上的時間，擔心主管覺得她工作效率不佳，因此總是匆促開始、草草結束。為了縮短擠奶時間，她到處上網尋求快速引奶陣的方法，希望能以最少的時間，吸出最多的奶量。

相信丞玲的經驗也是所有上班族媽媽共同的心聲吧！在前面的文章中，我一直強調情緒是影響泌乳激素最重要的原因，因此讓自己心情放鬆，邊聽自己喜歡的音樂邊擠奶或做幾次腹式深呼吸都是不錯的方式。不過也有很多媽媽告訴我：「思庭，放鬆真的好難，不是說到就能做到，有沒有其他方法呢？」在此跟大家分享媽媽們常用來引奶陣的方法：

1. **看寶寶的照片**：跟奶量相關的荷爾蒙除了泌乳激素還有催產素，而催產素容易因感官刺激而上升。建議媽媽們用手機多拍幾張寶寶的照片，擠奶時就可以隨著派上用場。

2. **吃自己喜歡的食物或飲料：**擠奶前吃點自己喜歡的東西，可以讓心情變得比較好，泌乳量也會跟著增加。

3. **喝溫開水：**餵奶前十分鐘，喝一杯三百ｃｃ的溫開水，可以加速身體循環，可能對增加奶量有幫助。

4. **溫敷乳房：**時間比較充裕時，可以用溫熱的毛巾溫敷胸部五分鐘左右，在身體放鬆集乳管擴張的狀態下，也許能幫助奶水出來的效率。不過請記得須在沒有塞奶或硬塊時才能用這招。

讓自己輕鬆餵，就是最佳哺乳姿勢

佳佳是個天生容易緊張的女生，懷孕時她就開始戰戰競競，整天擔心吃到不安全、不潔的食物會影響寶寶發育，或營養不夠會讓胎兒體重不足等。由於她實在太過小心翼翼，先生也被這樣的氣氛感染，變得整天緊張兮兮的。原本以為卸貨後就可以輕鬆一點，沒想到一抱到軟綿綿的寶寶時，佳佳的神經變得更為緊繃，總是擔心用錯姿勢、沒抱好會讓孩子受傷。餵奶時，她總是感覺自己的姿勢很彆扭，坐也不是、躺也不是，僵硬的動作讓寶寶也十分不舒服，可能因為這樣，寶寶每次吸奶的時間都很短，這真的讓身為新手媽媽的她相當沮喪！到底什麼樣的姿勢跟角度才最舒服呢？

寶寶每天要吃好幾次奶，每次時間可能長達半小時以上，如果以不適合的方式哺乳，不但寶寶覺得不舒服，媽媽也會覺得腰痠背痛。因此，找出適合彼此的哺乳方式，才能讓寶寶吸得開心，媽媽也餵得輕鬆。一般常見的哺乳方式有搖籃式、橄欖球式、修正橄欖球式、側躺式及生物性哺育法等，不管哪一種姿勢，記得都需要良好的支撐，媽媽的手跟身體不會感覺吃力才行。其實，沒有哪一種哺乳姿勢是最正確的，關鍵是媽媽跟寶寶都要覺得舒服最重要，很多新手媽媽哺乳的姿勢標準，但整個身體感覺很緊繃，抱孩子的手處在僵硬的狀態下，寶寶也會感覺難受。

1. 橄欖球式：

就像是在腋下夾一顆橄欖球一樣，媽媽用手臂夾拖著寶寶的雙腿，寶寶的上半身正對媽媽的胸前，可以用枕頭將寶寶墊高，或手掌托住寶寶頭頸部。橄欖球式是將寶寶夾在腋下，因此不會壓迫到媽媽的肚子，很適合剖腹產的媽媽。

2. 修正橄欖球式

姿勢和橄欖球式相同，但讓寶寶身體橫過媽媽胸前，吸對側的乳房。這個方式可以清楚看見寶寶吸乳狀況，很適合新手媽咪。

3. 搖籃式：

這是最傳統的哺乳方式，用一隻手臂枕住寶寶的頭頸部，寶寶的肚子緊貼媽媽的胸、腹部成一直線，建議可以在寶寶身體下面墊一個枕頭或墊子，會感覺更輕鬆。

4. 側躺式

媽媽身體側躺，寶寶側身和媽媽正面緊密相貼，這種餵奶方式，會讓媽媽感覺很輕鬆。

5. 生物性哺育法：

強調是最原始、最自然舒適的哺乳方式，是一種以媽媽為中心的哺乳方法。媽媽可以平躺或半躺著，找出最舒適的姿勢及角度，讓身體整個放鬆來哺乳。生物性哺育法的姿勢會讓寶寶的臉貼著媽媽的胸部，二人的肚子也是緊貼著。由於媽媽的乳暈上有蒙哥馬利腺，會散發出類羊水的氣味，加上這個姿勢也可以聽到媽媽的心跳聲，這些對剛出生的寶寶而言，都是最熟悉的味道及聲音，具有提升安全感的作用，情緒也會變得比較穩定，親餵也就會比較順利一些。

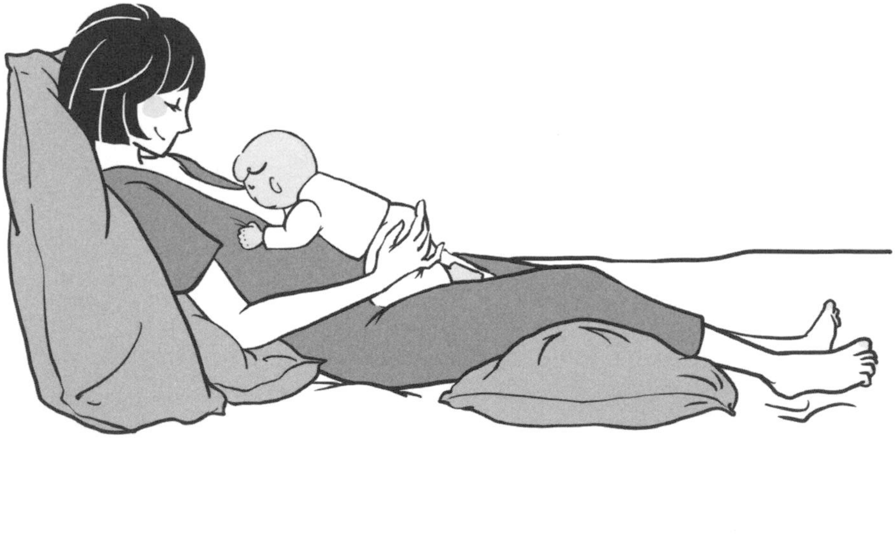

改善塞奶的哺乳姿勢

當媽媽感覺乳房有硬塊，此時可以讓寶寶的下巴頂住硬塊，來解決塞奶的問題，例如硬塊在乳房外下側，就適合橄欖球式哺乳法。讓寶寶下巴靠著硬塊，會將下方的乳腺管撐直一些，同時吸奶時下顎不斷蠕動，等於是幫媽媽的乳房按摩，有助於讓硬塊消失。

3

哺乳期最常見的困擾

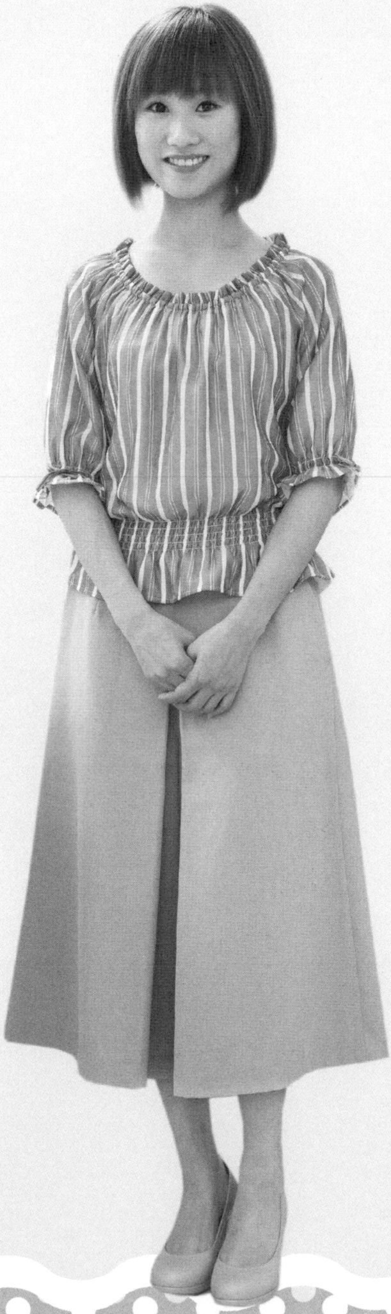

正確的無痛擠乳技巧

書婷是位準媽媽，為了產後哺乳更順利，她特別去向幾位有哺乳經驗的朋友取經。

「只要想起剛生完時擠奶那麼痛，我就沒有勇氣再生第二胎了！」、「那時候護理師幫我擠奶的時候，我痛到大哭！她還一直叫我忍耐……妳最好要有心理準備！」、「回想那時候，生產都沒擠奶痛……好可怕！」這些母乳前輩們的話讓她整個嚇到，也澆熄了她對哺乳的熱情，原來擠奶那麼痛啊！難道真的沒有不痛的擠奶方法嗎？

擠奶時痛得死去活來，是很多媽媽都有過的經驗，有些人甚至說：「擠奶的那一剎那，簡直比生產還痛啊！」為了讓寶寶吃飽，媽媽們無論如何也會咬牙忍耐，就算一邊擠、一邊慘叫也無所謂，這就是母愛的偉大！其實，擠奶可以不用這麼痛的。

媽媽擠奶時會感覺疼痛，通常是因為「擠錯了」，硬擠、瞎擠只會讓乳房受傷而已！產後初期乳房很嬌嫩，此時期的乳房較充血且緻密，如果擠奶的力道太大，或擠得太深的話，除了乳房受傷之外，也無法讓母奶排乾淨，擠完後還是呈現硬硬的狀態。

媽媽們想要無痛擠奶，不妨先來了解乳房的構造。

乳房結構圖

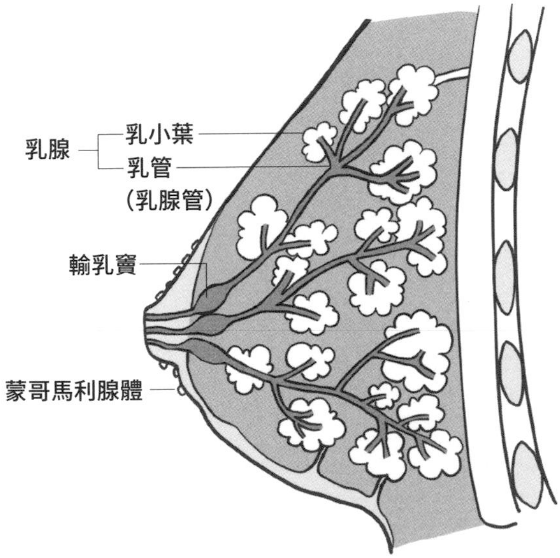

構造	功能或位置	形狀
乳小葉 （單位：乳腺泡）	製造、儲存乳汁	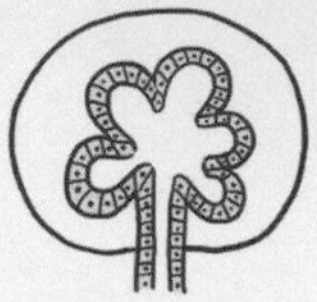
乳腺管	輸送乳汁	
輸乳竇	此區域的輸乳管會被聚積的奶水膨脹，成為一個功能性儲乳區。此區也是泌乳反射接收器最多最敏感的地方，寶寶主要就是吸吮該區得到的奶水。	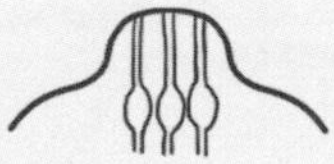
蒙哥馬利腺體	乳頭乳暈處分化之皮脂腺體，為顆粒凸狀。主要分泌油脂、保護嬌嫩的乳頭和乳暈。分泌物具有保護皮膚、潤滑乳頭及嬰兒口唇的作用。獨特的氣味亦可讓寶寶尋乳。	

正確擠乳步驟如下：

1. **先學手勢：**手呈C字型，較易服貼在乳房上（如圖）。手勢不良的話易因施力錯誤造成大拇指指肌腱發炎，進而演變成媽媽手。以C字型手勢擺放在乳房，大拇指、乳暈及食指會呈一直線。

C型手

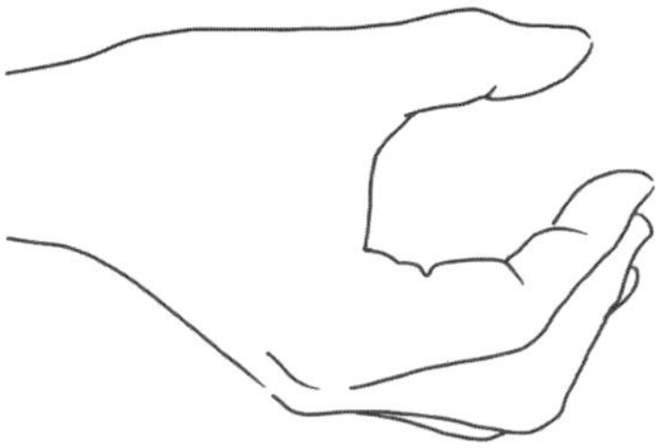

2. **了解擠乳方向：**通常會擠左右、上下、斜向左右二側等方向，原則上就是一個米字型。

3. **將乳房分成三等分：**前段奶是指乳暈的地方，中段奶則是乳暈黑白相間處再往外二指寬的範圍，後段奶則是以乳暈為基準，往外三~四指寬，胸部較小的媽媽以三指為準，胸部大一點的則是四指。

前段奶：指乳暈範圍

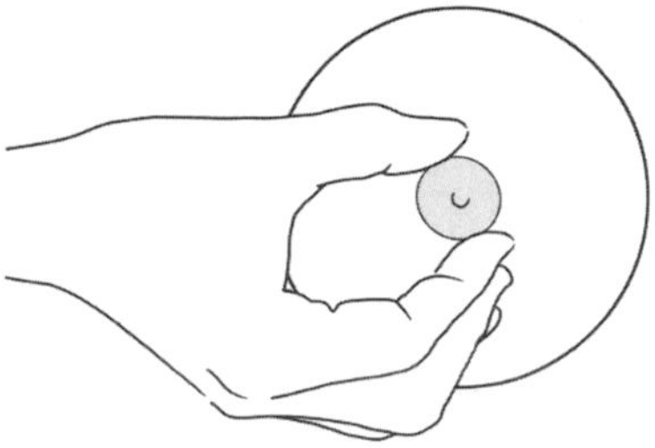

中段奶：以乳暈為基準往外二指寬

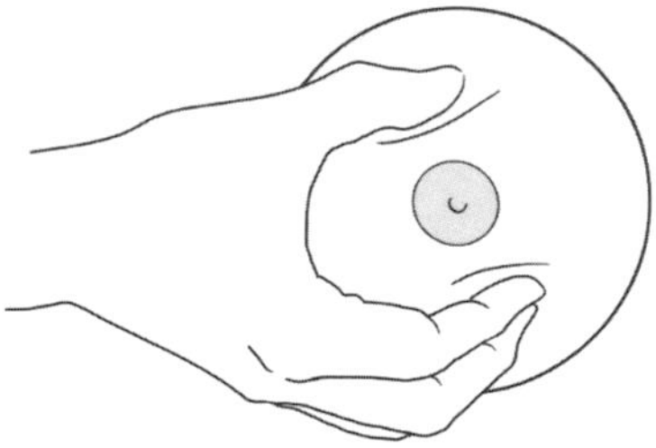

後段奶：以乳暈為基準往外三～四指寬

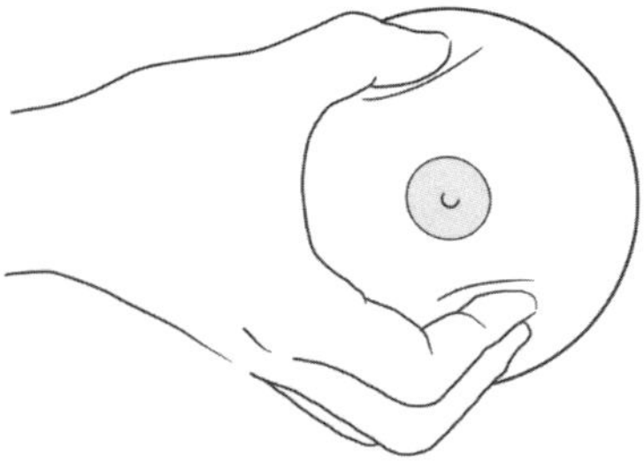

4. **先擠前段奶：**乳暈是噴乳反射接受器最多的地方，簡單來說，也就是乳汁流出的開關，而乳暈下方則有輸乳竇。前段奶的乳腺管靠近乳房表層處，只要以手指輕輕按壓即可，並不需要用力掐擠。先擠前段奶可以啟動泌乳反應。當感覺乳汁大量泌出或噴出，乳房也變得比較鬆軟之後，就可以換個方向繼續擠壓。乳暈擠完一圈後就可以開始擠中段奶。

擠前段奶方式

5. **擠中段奶：**中段奶跟乳暈的距離變遠了，有些媽媽擠時會不自覺地用力，力道太大容易造成過分摩擦，建議可以在中段奶的地方塗點母乳或植物油當成潤滑液。擠奶的訣竅是手以C字型撐開，輕輕地伏貼在乳房中段奶處，以適當的力道往胸壁內壓（如圖），並且往前帶，到乳暈時輕輕夾一下，乳汁就會流出來了。中段奶擠完一圈後，就可以準備擠後段奶了。

擠中段奶方式

胸壁內壓示意圖

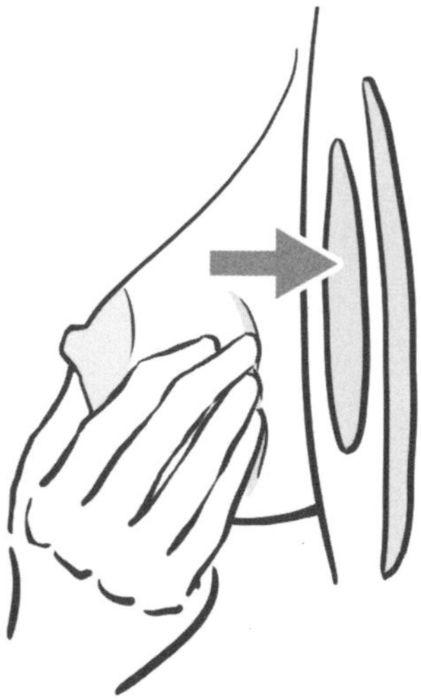

6. 擠後段奶：同樣以C字型手再撐開一些，並且伏貼在後段奶的範圍。擠後段奶跟擠中段奶的方式一樣，都是往胸壁內壓，並且往前帶，到乳暈時輕輕夾一下。記住，不管擠哪一段奶，都不需硬擠、硬刮、硬揉，錯誤的方式只會把乳腺管壓得更扁塌，奶水反而不易流出。

擠後段奶方式

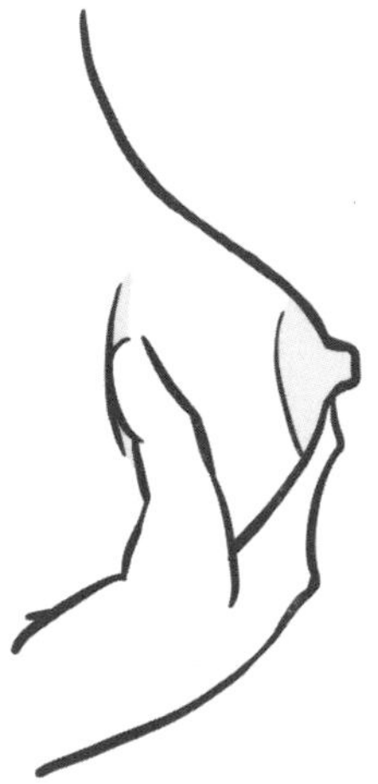

7. **檢查**：一手將胸部稍微捧高，另一手朝乳暈方向順撥來檢查乳房，看看是否重量減輕、變鬆軟、沒有脹痛感了。如果還有硬塊或脹痛感，表示乳汁還未擠乾淨，可以輕微按摩搖晃之後，再接著繼續擠乳。

雖然我一直推廣親餵是最天然、最原始的方式，但到底如何選擇，還是視每個家庭的狀況而定。不管是親餵還是瓶餵，建議每一個媽媽都應該學會無痛手擠乳的技巧，因為隨時都有可能派上用場。

1. **選擇親餵**：全親餵原本是不需手擠乳的，但哺乳的過程中難免會遇到塞奶、寶寶吸不到奶的情況，此時就要用手擠乳的方式來改善。當育嬰假結束，準備重回職場上班時，如果還想繼續哺乳的話，就一定需使用手擠乳。

2. **選擇瓶餵**：瓶餵是先將母乳擠出，再用奶瓶哺餵寶寶，手擠乳當然就是必學的技巧了。

雖然現在很多醫療機構都推崇母嬰同室，但如果碰到早產或寶寶健康出現問題等狀況，產後勢必需跟寶寶分離。在這種情況下，只要媽媽的健康及體力正常，一般還是會鼓勵應先將奶水擠出，以杯餵、湯匙餵或瓶餵的方式來哺餵初乳。

飲食及生活作息改變，有助奶量提升

從產後開始，宜芳的奶量就不多，坐月子時一天大約只能提供三百ｃｃ的母奶給寶寶，其他部分就要靠配方奶來補足。為了追奶，她也上網搜集了不少秘方，利用食補再加上密集的擠奶，但無論怎麼努力奶量就是衝不上來。更慘的是，休完產假準備回職場前兩週，奶量卻突然大縮水，越擠越少的情況，讓她感到越來越挫折跟沮喪。看到奶量每況愈下，真的讓她好想放棄，為何奶水會無緣無故變少呢？

很多媽媽都會遇到奶量越來越少的問題，剛哺乳時好像還夠寶寶喝，沒想到幾個月後奶量開始變少，而且一天不如一天。為了讓寶寶吃飽，媽媽開始拚命追奶，如果情況沒有好轉的話，就會變得越來越焦慮，但奶量還是一去不回頭！

通常第一次發覺奶水明顯變少是在坐完月子之後，這是因為坐月子時可以專心休養，因此生活作息會比較規律一些，加上月子餐都有專人或長輩幫忙準備，此時只要把自己餵得飽飽就可以了。坐月子時不管是睡眠或飲食的品質都比較好，心情一放鬆下來，奶水當然就會比較充沛一些。坐完月子之後，媽媽開始面臨單打獨鬥育兒的情況，照顧寶寶都來不及了，當然也就無暇顧及自己。相較於坐月子時雞湯、魚湯喝個不停的情況，媽媽此時的營養及水分攝取量都會減少，因此乳汁的原料也會跟著變少了。此外，面對剛滿月的寶寶，媽媽一定手忙腳亂，心情也會跟著焦躁起來，此時奶水分泌量就會降低。

坐完月子後回到職場工作，親餵次數大幅減少，乳腺的刺激不夠，也是讓奶水變少的重要原因。

想要奶水源源不絕，除了注意營養及飲水量，職場媽媽下班回家仍可保持親餵或平時增加擠奶頻率，最重要的是放鬆心情，讓情緒平穩才是追奶最大的秘訣！

寶寶拒吸另一側乳房，是因為太挑嘴？

菲菲是個年輕的媽媽，原本對哺乳充滿了期待，沒想到開始親餵後卻發現寶寶只愛吸右側的乳房，只要一換到左側，馬上大哭大鬧，怎麼也不願意就範，一旦換回右邊又吸得津津有味。試了幾次之後，菲菲心想反正就讓寶寶吸右側，之後再用手把左邊的奶水擠出來就好。婆婆看到這種情況，馬上責備她不能這樣慣著寶寶，否則以後會很難帶，月子中心的護理長也勸她不能妥協，寶寶哭鬧時多安撫一下，應該很快就會乖乖吸奶了。一陣子之後，寶寶的情況不但沒改善，她還發現左邊的奶量明顯變少，而且還出現大、小奶的情形，這真的讓她很錯愕！

「到底是我的寶寶太搞怪，還是我的乳房有問題啊?!」菲菲來找我諮詢時，忍不住抱怨了起來。吸奶是嬰兒的本能，寶寶怎麼可能故意找媽媽的麻煩呢？遇到這種情況時，先別抱怨寶寶難搞，趕快找出原因才是最重要的。

我常聽到媽媽們抱怨，說自己的寶寶特別「搞怪」，親餵時一定先吸他特別偏愛的那側乳房，只要換一邊就哭鬧不休、抵死不從。寶寶總是只吸一邊奶，常被吸吮的那側奶水分泌量較多，而寶寶不愛吸的這側，因為乳腺刺激少，漸漸地奶水也開始變少了。這樣的情況一直持續下去，媽媽們擔心的不只是兩邊乳房泌乳量不平均的情況，也很害怕會不會就此變成大小奶。大多女性的乳房都有大小邊的狀況，這是很正常的現象，但若因為哺乳期的差異越來越大，建議可透過寶寶親餵時，優先從較少邊側先親餵刺激，或平時討安撫或吃點心時，餵較少側的乳房，進而增加刺激，平衡兩邊的乳量。

寶寶只吸單側乳房的情況很常見，原因可能因人而異，當孩子總是拒吃一側乳房時，媽媽可以檢視一下是否有以下狀況：

1. **媽媽乳頭結構問題**：每個人乳頭形狀皆不相同，甚至左、右邊差異性就很大。寶寶習慣了一側乳頭，換到另一側可能因為含起來的口感不同，或因為乳頭較大、較長或凹陷等問題而含不住。

2. **寶寶偏好同一種姿勢**：很多寶寶習慣用同一側喝奶，換到另一邊時，媽媽會讓寶寶的頭也跟著轉向，寶寶感覺吸起來較費力，可能會開始哭鬧。例如寶寶習慣將頭往右偏喝奶，換側喝奶的話頭就必須往左偏，不習慣的姿勢會影響吸奶的意願。如果寶寶有相同的情況，建議換側喝奶時維持一模一樣的姿勢，但不要左、右調整方向，例如右側以橄欖球式哺餵得很順，換左邊時就直接將寶寶平行移過來，變成修正型的橄欖球式，以不動到他的姿勢為宜。

3.**寶寶先天性斜頸：**若發現寶寶並非偏好同一姿勢喝奶，可以觀察是否連平常的姿勢及動作都偏向一側，轉向另一側時，頸部有受限的狀況，則有可能是斜頸造成的動作障礙，此時建議請小兒復健科醫師或物理治療師協助診斷。

寶寶吸單側奶就飽，另一側是否要擠出來？

亞馨是自然產的媽媽，因為選擇母嬰親善醫院，產後第一天就開始嘗試親餵，雖然一開始並沒有成功，但她還是繼續努力。大約到了第三天，準備離開醫院回家前，寶寶終於含乳成功，雖然只吸了右邊的乳房，但她認為之後再慢慢調整就好。回家休養時，亞馨也絲毫不敢鬆懈，總是定時將寶寶抓過來親餵，不過奇怪的是，寶寶還是只吸右邊的奶。原本以為寶寶偏愛右邊乳房，但後來亞馨改成直接從左邊開始餵，寶寶也乖乖地吸，但要換到右邊時，寶寶就表現出一臉滿足的模樣，微笑著入睡，怎樣都吵不醒。寶寶每次都只吸一邊奶，另一邊乳房還脹脹的，這樣的情況還需要特別擠出來嗎？由於身邊的親友眾說紛云，她跑來詢問我的意見。

跟前一個只偏愛單側乳房的例子不同，這個案例的寶寶是靠一邊的奶量就飽足了，因此不願再繼續吸下去。像這種情況，媽媽可以二側乳房交替著餵，例如這餐吸左邊，下一餐就吸右邊，原則是達到「供需平衡」。媽媽乳房的乳容量會隨著寶寶奶量需求彈性調整，如果寶寶奶量需求較大，只喝一邊的奶會不夠飽的話，建議媽媽就應該以左、右奶交替的方式來哺乳。相反地，如果單側奶量就能讓寶寶吃飽，媽媽無需刻意把另一邊的奶擠出，只要下次哺乳時換另一邊即可，漸漸地大腦就會自然調整兩邊的奶量，跟寶寶的需求達到同步。

如何改善寶寶乳頭混淆問題？

小綺產後就開始馬上親餵，原本寶寶喝奶的情況都還不錯，她也很享受哺乳帶來的樂趣。這段甜蜜的時光一直到休完產假，準備重回職場上班時開始變調。為了讓寶寶可以一直喝母奶，小綺刻意追了不少奶冰起來，白天上班時就讓婆婆用奶瓶餵寶寶，晚上下班後再親餵。令人意想不到的是，寶寶一接觸奶瓶後就移情別戀愛上了瓶餵，想再親餵都無法成功。

親餵失敗讓小綺十分沮喪，感覺好像寶寶拋棄了自己的乳房一樣，而快樂的哺乳時光也一去不回頭了。小綺請教有經驗的同事，她們說這種情況是「乳頭混淆」，寶寶一旦愛上奶嘴，就很難重回媽媽乳房的懷抱，因此勸她早點放棄，改成全瓶餵吧！但她還是不願死心地問我：有什麼方式可以挽回寶寶的心呢？

吸奶嘴跟乳頭的感覺是有所差異的，乳頭混淆是指寶寶在接觸過奶嘴後，再去吸媽媽的乳頭時，會因感覺不同而產生混淆、不願接受的情況。有句話說：「使用吃奶的力氣」，表示吸媽媽的ㄋㄟㄋㄟ是需要費力的，而奶嘴的設計，讓寶寶吸的時候不用花太多力氣，奶水就可以一直湧上來。相較之下，吸吮媽媽的乳頭時比較費力，嘴巴也需張大一點，因此接觸過奶嘴的寶寶，可能會用比較小的力氣和不對的方式去吸乳頭，當他發現奶水吸不出來時，可能會哭鬧，甚至放棄吸吮。

全親餵身體會依寶寶需求自然調節泌乳量，同時也會讓媽媽產生幸福感，也不用擔心發生乳頭混淆的問題，而且最容易達到供需平衡的狀態。有些媽媽一開始是以瓶餵的方式來哺乳，或重回職場時，想白天瓶餵晚上親餵，很有可能遇到寶寶乳頭混淆、不肯吸奶的情況。寶寶已經習慣了奶瓶，再去接觸媽媽的乳頭時，親餵在流量上會比較容易不滿意，甚至漸漸會因為不熟悉而不知如何吸吮。

想要改善乳頭混淆的問題，可以從以下幾方面下手：

1. **不要在寶寶很餓時餵奶**：想要讓孩子跟媽媽的ㄋㄟ ㄋㄟ交朋友，時機點是非常重要的，千萬不要選小朋友情緒不好或哭鬧時進行。有些媽媽以為當小朋友非常飢餓時，可能會因為沒得選擇，在迫不得已之下就會吸媽媽的奶，其實這是錯誤的做法。當寶寶肚子餓時，反而容易大哭大鬧，而且非常難以安撫，在情緒激動下，口腔跟舌頭也變得僵硬，含乳自然容易不正確。相信大部分的媽媽遇到這種情況時都會舉白旗放棄吧！

2. **不要強迫寶寶吸奶：**寶寶不肯吸媽媽的乳房時，一定不能用強迫的方式逼迫他就範，這樣只會讓他感覺不舒服，對乳房留下不好的印象。媽媽可以先準備好一瓶奶，當寶寶不肯吸奶頭時，先讓他用奶瓶喝一點奶，然後再試著讓他吸奶頭看看。當寶寶先嚐到甜點，肚子也不再那麼餓時，就會比較好「溝通」喔。

3. **讓寶寶愛上媽媽的乳房：**幫孩子建立跟媽媽乳房的友誼，才能讓他漸漸淡忘用奶瓶吸奶的美好時光。正確的做法是算準寶寶差不多該喝奶的時間，提早半個小時抱過來培養情緒。記得把包巾都打開，讓寶寶處在放鬆的狀態下，試著抱著他貼在媽媽的胸前，漸漸地，就會發現寶寶開始有想吸奶的動作了。除了親餵的時間之外，平時也可以多進行這個動作，當寶寶對媽媽的乳房越來越熟悉之外，親餵之路也就會變得更順暢。

4. **寶寶吸奶時同時用手擠奶：**寶寶不愛親餵，也可能是覺得瓶餵的方式吸奶比較快、比較省力，建議媽媽不妨在寶寶吸奶時，一邊用手在乳房下緣幫忙加壓擠奶，當奶流量變大時，寶寶吸奶會感覺更開心，慢慢地就會愛上親餵了。

5. **確認寶寶含乳方式正確：**寶寶吸奶時嘴巴會張得很大，幾乎含住媽媽整個乳暈，每吸二三口就會聽到吞嚥的「咕嚕」聲，如果寶寶含乳不正確時，則會有「嘖嘖」的聲音。

解決寶寶愛咬媽媽乳頭的苦惱

「啊～好痛啊！」文華餵奶到一半時，突然忍不住大叫，原來是寶寶又咬她的乳頭了。雖然疼痛，但也只能含著淚繼續餵，同時又擔心，不知道何時又會被咬！寶寶不但愛咬她的乳頭，而且喝奶時吃吃停停，每次都要餵好久。幾次下來，不愉快的經驗讓她開始考慮瓶餵，或提早斷奶算了。寶寶咬乳頭的痛，只有親餵過的媽媽才懂，到底有沒有解套的方式呢？

原本應該是享受天倫之樂的哺乳時光，因為寶寶親餵時愛咬媽媽乳頭而黯然失色。被寶寶咬乳頭是非常疼痛的，媽媽也會在整個餵奶的過程中變得非常緊張害怕，生怕不知何時又被咬一口！被寶寶咬乳頭實在太不舒服了，有些媽媽會興起乾脆放棄哺乳的念頭。其實，這樣的情況並不需要離乳，反而應該先釐清寶寶咬乳頭的真正原因，才能避免一再被咬。

寶寶咬媽媽乳頭的原因通常有幾個：

1. **即將長出第一顆牙齒**：根據統計，這是寶寶愛咬乳頭的主要原因。

2.**感冒或耳朵感染**：寶寶覺得吞嚥困難，鼻子塞住難以呼吸，此時應改以直立的方式來餵奶。

3.**想要吸引媽媽注意**：寶寶漸漸長大，希望大人的注意力都在他身上，因此會用咬乳頭的方式來提醒。

被咬當下的處理方式：

1.雖然被咬真的很痛，但此時需保持冷靜，避免因疼痛大叫而嚇到寶寶。

2.將寶寶往胸部攬緊，讓他的鼻子被乳房稍微悶住，嘴巴就會自然張開。

3.檢查一下乳頭有無受傷，如果有的話，可以擠出一點乳汁或將羊脂膏塗於乳頭上，以利修護。

後續的處理方式：

1.以嚴肅的口氣、持續地告訴寶寶不可以咬乳頭，媽媽被咬時感覺如何，並且暫停此次哺乳。

2.每次餵奶前刻意提醒孩子不可以咬乳頭，只能輕輕含上去，並且實際告訴他應該怎麼做，反覆地與寶寶溝通，也能感受到不錯的效果。

3.教育孩子哪些東西可以咬，例如：固齒器、毛巾、米餅、水果……等等，但媽媽的乳頭不可以咬。

4. 若因長牙而引起的牙齦不舒服，可在餵奶前給予乾淨的冷毛巾，或冰的固齒器以緩和牙齦腫脹的不舒服。較大幼兒可提供冰涼的副食品，例如：切塊的蘋果或梨子。

5. 仔細回想一下在什麼狀況下寶寶容易咬乳頭，例如媽媽一邊餵奶、一邊做別的事，像是講電話、與別人聊天、看電視等。寶寶覺得媽媽忽略了他，就會用咬乳頭來提醒：「我在喝ㄋㄟㄋㄟ，也想要和媽媽有其他的接觸。」

6. 當媽媽有其他情緒壓力時，寶寶也會感受到，有的孩子也會以咬乳頭來表現，此時媽媽需要給自己一點時間，跟家人或好友談一談，找出紓解壓力的方法。

7. 若孩子還不想睡，媽媽想以餵奶的方式強制他睡覺，此時寶寶也會咬乳頭。

不愛喝奶？三招搞定寶寶的厭奶反應

莉亞的寶寶已經六個多月大了，原本哺乳都很順利，但這幾天不知道為什麼，突然變得很不愛喝奶，常常吸幾下就鬆口，無論媽媽如何哄騙都不願再吸吮。剛開始出現這樣情況時，莉亞還試著把乳房塞進寶寶的嘴裡，沒想到他很快就用舌頭頂出來，多試幾次，還會表現出嫌棄的樣子，好像媽媽餵他的是多麼難吃的食物一樣。莉亞雖然感覺很頭痛，卻也無計可施，猜想這會不會是很多媽媽口中的「厭奶期」？每次要寶寶吸奶，就像要跟他拚命一樣，面對越來越難搞的孩子，加上已經開始吃副食品了，是不是乾脆放棄哺乳算了？這樣大人小孩都可以鬆一口氣了！

我常聽到很多媽媽說，寶寶開始吃副食品後就開始厭奶，或不再喜歡親餵。其實這個時期的寶寶並不是討厭奶水，而是當時狀態讓他不愛吸吮。仔細想一想，寶寶開始吃副食品的時間大約是四到六個月大左右，其實也正是他們長牙的時候，吸奶時口腔的動作，會讓正在長牙的寶寶感覺牙齦不舒服。加上寶寶感覺牙齒癢，想咬東西、磨牙，因此會不想吸吮母乳。

此外，寶寶三到四個月大左右，已經能自己控制頭部，可以轉頭到處看，手也能開始交叉越過身體中線，會想摸東摸西、想玩，因此吸奶時容易分心。

當寶寶出現厭奶反應時，媽媽可以從以下幾方面來改善：

1. **在固定地方餵奶**：老地方、缺少變化的環境，沒有吸引寶寶的東西，比較不會讓他分心，如果還能把燈光調暗，寶寶才會專心把奶喝完。

2. **別強迫寶寶喝奶**：既然寶寶不想喝，就別強迫他一直吸奶，若留下負面印象，會讓他厭奶反應更嚴重。建議媽媽可以改成少量多餐，減少每一次的奶量，增加親餵的次數，降低寶寶對母乳的抗拒。

3. **使用磨牙玩具**：坊間有很多專門針對長牙寶寶設計的磨牙玩具，可以先讓寶寶磨牙後再餵奶，能提高吸吮母乳的意願。

乳頭、乳暈水腫自救法

跟很多新手媽媽一樣，莉惠產後六天一開始的奶量不多，每次都只能擠出一點點。她很擔心奶量無法滿足寶寶，加上用手擠實在有點累，於是便拿出事前準備好的吸乳器來使用。她曾聽其他媽媽說過，吸乳器真的超有用，而且很省力，但自己使用之後卻發現奶水不但沒變多，最慘的是乳頭乳暈變得又痛又水腫，她心裡忍不住嘀咕：「為何別人用都有效，我卻又腫又痛呢？」

哺乳初期的媽媽，乳房很細嫩，但餵奶或擠奶動作還不夠熟練，可能會因為寶寶含乳不正確或吸乳器強力拉扯，造成乳頭發紅變腫。當石頭奶合併乳頭水腫時，乳頭長度會變短、乳暈會變硬，此時寶寶含乳會變得更加困難。到了哺乳後期，也可能因為硬塊阻塞，奶水無法正常移出，但還是依舊用吸乳器硬吸等狀況下，使乳頭乳暈皮膚變薄、變腫。此外，也有些媽媽天生乳頭較短、較小，要適應寶寶的吸力隨之變長、變大，在乳頭塑型的過程中，也可能造成短暫性水腫。

乳暈水腫的症狀：

1.乳頭較硬、較沒彈性、沒血色，外觀也會比原先大一些。
2.奶陣來的時候，會感覺刺痛。
3.親餵寶寶變得沒耐性（因為不好吸），且會疼痛。

乳頭水腫的處理方式：

用手指夾住乳頭，反向施壓可以讓乳房變得柔軟，以減緩乳暈腫脹，擠乳前、後都可以使用以下方法。

1.輕輕地往胸壁內壓三到五秒，力道要平均，不要太快放開。

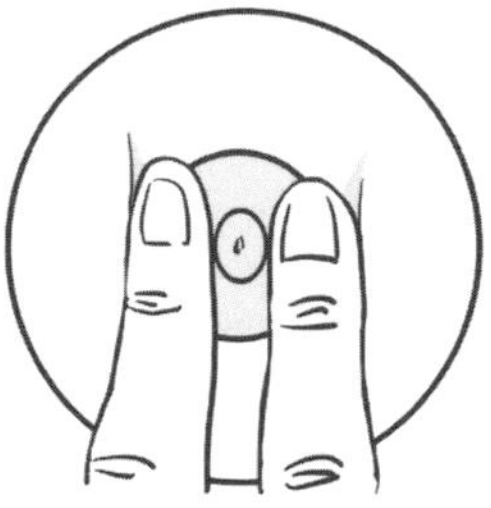

2.用手指上下輕揉乳暈。

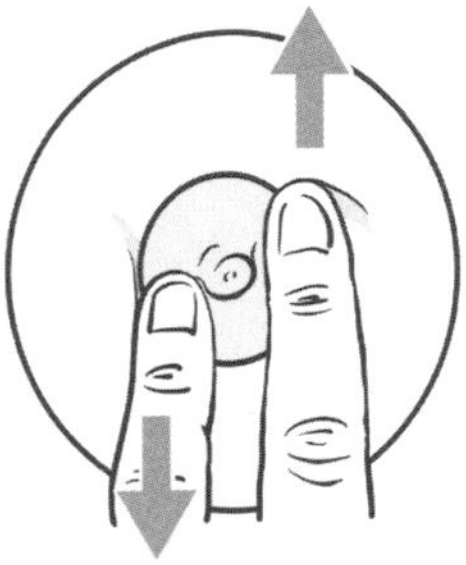

3. 輕輕地把乳暈左、右撐開。

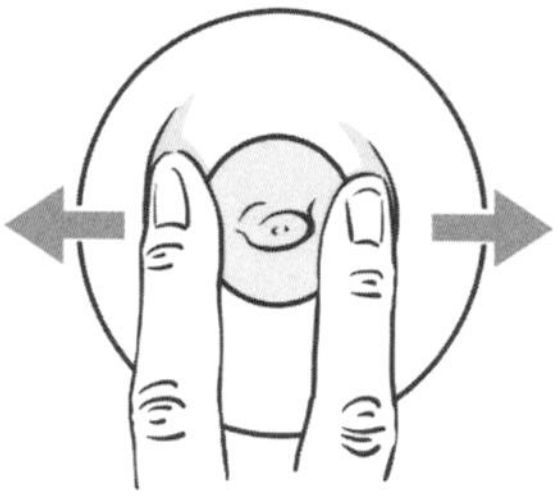

4. 以放射狀進行，每個方向都要執行。

乳頭、乳暈水腫需要一段時間才會改善，但最根本之道還是要改善其造成的原因，例如吸乳器不當真空吸引、過分用力擠乳以及親餵姿勢不良等，才能真正杜絕相同情況一再地發生。

又塞奶了！這樣做讓乳塊退散

碧婷晚上睡覺翻身時，突然覺得右胸的部位好痛，她下意識用手摸了摸，感覺右乳下方好像有些硬硬的。因為她是全親餵的媽媽，每天都讓寶寶吸奶，直覺自己不可能會塞奶，於是繼續呼呼大睡。早上起床時，她發現胸部更痛了，雖然過去也常脹奶，但好像還沒這樣痛過，於是趕快把寶寶抓過來親餵。到了晚上，胸部還是脹得好痛，為了讓乳腺疏通，她忍痛對著硬塊環形揉壓，但還是一點效果也沒有。她覺得很奇怪，大家不是說全親餵就不會塞奶嗎？到底是什麼原因造成塞奶呢？

當餐該移除的奶水卻沒有被移除，就稱為「塞奶」。若奶水淤積在乳腺管內，漸漸地，滯留的乳汁會變得濃稠而不好移出。很多媽媽以為全親餵，寶寶天天都有在吸就不會塞奶，其實並不是這樣的。

塞奶嚴重時，親餵的媽媽會發現寶寶開始不愛吸奶或頻繁拉扯乳頭，這是因為乳汁開始變得不好吸了。瓶餵的媽媽發現乳房變得比以前難擠，奶量變少，出現硬塊等，都有可能是塞奶的症狀。

為什麼會發生塞奶呢？原因不外乎以下幾點：

1. 飲食過於油膩
2. 水分攝取不足
3. 奶量過於豐沛（供過於求）
4. 小白點阻塞乳孔
5. 寶寶含乳姿勢不正確
6. 內衣過緊
7. 寶寶厭奶期
8. 開始轉換副食品
9. 延遲親餵或擠乳
10. 乳垢太厚或乳頭水泡

當遇到塞奶時也別驚慌，按照以下步驟處理，就能改善情況：

1. **先定位**：用手摸看看確切硬塊位置在哪，勿因心急就自己亂掐、亂壓。因為乳房結構很複雜，若掐錯地方易造成組織腫脹、微血管破裂變成瘀青奶。
2. **排除硬塊**：親餵的媽媽多讓寶寶吸吮，並且將他的下巴抵住硬塊。瓶餵則暫停使用吸乳器，徒手來擠乳。若有小白點時，請將乳頭浸泡在裝了生理食鹽水的瓶蓋中三到五分鐘，或用化妝棉沾橄欖油來濕敷乳頭，待角質軟化後，再親餵或手擠乳。

3. **胸部按摩**：遇到頑固硬塊，可用按摩法將其鬆動，有效地將奶水輔助向前移動。

(1) **前傾搖晃法**：身體微傾讓乳房下垂，手掌以大範圍溫柔的力道包覆乳房，接著左右、上下晃動整個胸部。

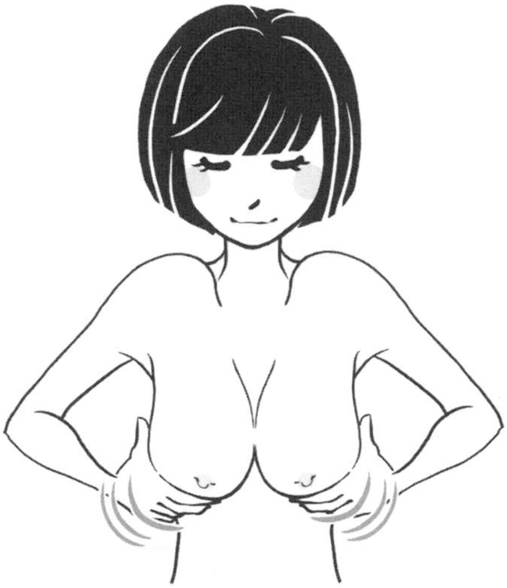

(2)**輕摸撫觸法：**沿著上胸壁垂直往下輕撫至乳頭，力道類似搔癢的感覺。此法能讓催產素激增，使乳腺管自主性收縮增加。

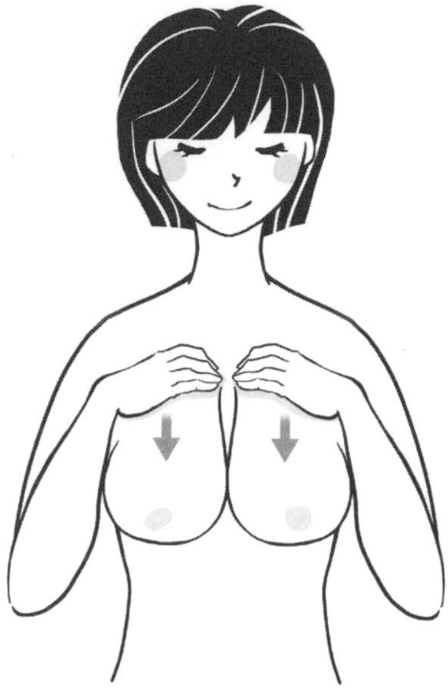

(3)**刺激噴乳反射法：**大拇指及食指放在硬塊前方的乳暈上，二指輕輕點壓，以誘發噴乳反射，前端疏通，硬塊自然往前推進。

4. **冷敷：**可使用濕冷毛巾、高麗菜、冷凝膠、冷敷袋等，溫度以涼爽舒服為原則，不需要冰敷，否則太過刺激易導致血管反射性擴張充血，可能引起發炎。

（擊退頑固硬塊，跟石頭奶說掰掰）

在產後第三天開始，樂妍發現自己脹奶脹得好厲害，摸起來像一整片硬塊一樣，而且還會痛。心急的她想說應該是乳汁堵塞造成的，於是趕快拿毛巾沾熱水去熱敷，以為這樣會讓乳腺暢通一點。沒想到不敷還好，一熱敷整個乳房變得更脹、更硬，這時她才驚覺：「原來這就是傳說中的石頭奶！」

由於石頭奶實在太難受了，她急忙用手亂擠，脹如石頭般的乳房卻完全不為所動，而且還越來越痛！上網查了資料之後，發現有些媽媽說石頭奶要熱敷，有些卻說要冰敷，還有人說讓寶寶吸出來就可以了，網路上每個媽媽都說自己的方法最有效。發生石頭奶時，到底應該如何處理才有用呢？

石頭奶是所有媽媽們最不想碰到的事，胸部變成一塊又硬又痛的石頭，真的是難以承受之重！石頭奶是因為乳腺不夠暢通，乳汁塞住了的關係，很多媽媽一聽到「塞住」，第一個直覺就是趕快熱敷，只要讓乳房變得比較柔軟，乳汁也就能夠順利擠出來了。提醒正在哺乳的媽咪們，這樣的做法是大錯特錯，而且很危險，不但無法改善乳汁阻塞的情況，還會讓石頭奶變得更嚴重！

我們都知道「熱脹冷縮」的道理，熱敷會讓乳房微血管因為高溫而快速擴張，反而容易加重發炎反應。想想看，當孩子發燒時，我們會用熱水袋來幫他熱敷嗎？當然不會！同樣的，當乳房變成石頭奶時，如果熱敷的話，會讓乳房變得更脹，裡面的乳汁變得更多，乳房也變得更加充血，全部塞在一起的結果，想要擠出來就變得難上加難了！

當發生石頭奶時到底該怎麼做呢？第一件要做的就是「親餵」，因為寶寶吸吮的力道較為溫和、正確，能夠將阻塞的乳汁吸出來。此外，也可以用手部擠乳加冷敷的方式來改善塞奶的情況，讓乳房不要那麼容易充血，這樣就比較不容易發炎了。

石頭奶時以冷敷為原則，有些媽媽會問：「在什麼情況下可以熱敷呢？」當媽媽感覺奶量好像變少了，局部熱敷一下可能有助於改善情況，熱敷也會讓心情放鬆，擠奶會順暢一些。再次提醒大家，熱敷一定要在乳房沒有發炎的狀態下才能進行，而且不能有局部硬塊，否則很容易引發石頭奶喔！

如何冷敷：

使用冷凝膠

1. 到藥局或美妝用品店購買小片冷凝膠片。
2. 將冷凝膠放進冷凍庫冰存，等到有點結凍後就可以拿出來。
3. 在冷凝膠外層裹上一層毛巾，才不會讓乳房感覺太過冰涼，之後就可以進行冷敷了。

使用毛巾

1. 以家中的毛巾來進行冷敷。
2. 請先拿至水龍頭下沖濕，稍微擰乾後放入冰箱冷藏三到五分鐘就可以取出。
3. 將毛巾摺成條狀，直接從乳房下緣往上圈敷住整個乳房周圍。

重要提醒：冷敷時須避開乳頭及乳暈，否則會讓噴乳反應下降，擠奶也會變得比較不順暢。

神奇的高麗菜冷敷法

媽媽界口耳相傳的緩解脹奶妙招——高麗菜冷敷法，據說能有效解除胸部腫脹不適感。由於高麗菜的形狀可以將乳房完全包覆，加上含有硫化物可以減輕胸部腫脹，以及葉片有保水層，這個方式可以舒緩脹奶的疼痛感，算是經濟實惠又便利的方法。

1. 將高麗菜洗淨後再放入冰箱冷藏，冰到感覺涼涼的。
2. 從冰箱拿出後，剝下葉子直接貼在胸部，將乳房整個包覆起來冷敷，也可以穿上內衣來固定它，等到感覺葉片變軟（大約二十分鐘左右）即可拿下。
3. 可依個人需求，重複冷敷。

如何溫敷：

1. 毛巾沾一點溫水，水溫大約是泡溫泉的熱度即可。
2. 將毛巾摺成條狀，直接從乳房下緣往上圈敷住整個乳房周圍。

冷敷還是熱敷，別再傻傻分不清楚

曉玲產後乳汁始終沒有太豐沛，只能勉強提供寶寶奶量一半所需，不過令人沮喪的是，雖然母乳不多，竟然遇到塞奶的問題。她發現自己右邊的胸部有硬塊，雖然試圖想把奶擠出來，但卻怎麼也沒辦法，真是越擠越心慌。不知所措的她，趕快上網到媽媽社團去求救，有人說熱敷能讓乳腺暢通，也有人說冷敷才不會演變成發炎。看到冷、熱敷各有支持者，曉玲更無法決定要怎麼做，聽說冷敷會讓乳房退奶，奶水已經很少的她當然不願意冒險嘗試，但萬一熱敷真的如網友所說的會造成發炎，又該怎麼辦呢？

哺乳遇到狀況時，乳房到底是要冷敷或熱敷，始終是一個讓媽媽們容易搞混的問題，加上身邊的親友們眾說紛紜，就讓人更加摸不清楚了。

其實冷、熱敷都是物理治療的問題，當然是物理治療師的回答最專業、最正確！首先，我們先了解一下冷、熱敷的生理機制。對冷、熱敷有基本的概念之後，再來分辨一下哪些情況需做冷敷或熱敷。

冷、熱敷的生理機制

	冷敷	熱敷
血管機制	血管收縮	血管擴張
血管流量	變少	變多
效果	消炎	充血 （持續過久易發炎）
乳腺管機制	乳管收縮	乳管擴張
乳腺管流量	變緩慢 （不代表停止流奶）	變快速 （奶出來更快）
效果	降低奶的流速	增加奶的流速

冷、熱敷的應對方式

類型	胸部症狀	冷敷	熱敷	作用
初期乳房充盈	初期乳管張力過強，乳汁黏稠度太高，整個乳房非常緊繃且溫度較高。	V		減緩後方泌乳的流速，讓張力過強的乳管減少負荷，預防乳房產生炎症反應。
輕微乳腺阻塞	之前都無異狀，開始發現胸部有點緊緊、脹脹的、不好擠乳或乳量些微變少。		V	增加後方泌乳的流速，讓前方較黏稠的乳汁靠後方奶水協助帶出。
嚴重乳腺阻塞	漸進性硬塊越來越大，已經隔十二小時還沒排除，硬塊明顯、表面有顆粒狀凸點、面積甚至大於一個拳頭、乳量明顯變少。	V		減緩後方泌乳的流速，想辦法讓卡在前方的乳汁先排出，若此時熱敷只會誘發更多奶出來，讓塞奶情況更嚴重。
乳腺炎	局部有硬塊，且伴隨紅、腫、熱、痛，乳汁顏色及味道異常（黃綠色）、畏寒、發燒、頭痛、腋下腫大等狀況。	V		減緩後方泌乳的流速，讓受傷的乳管減少負荷，降低整個乳房的發炎反應。
泌乳痛	乳房在泌乳時，較為敏感的胸部會有電流通過、酥麻的感受。	V		減緩泌乳的流速，降低乳房敏感不適

（擺脫乳腺炎，不再痛不欲生）

文麗餵奶時，感覺胸部有點痛，而且好像有塞奶的硬塊，只是沒有很明顯。由於之前也有類似的情況，因此她並不以為意，想說讓寶寶吸吮一下應該就好了。隔天胸部硬塊已經稍微變大了一些，身體也開始出現一些異常情況，像是感覺有些疲憊、頭腦昏昏沉沉、畏寒……拿出溫度計一量，果然發燒了！胸部感覺紅腫熱痛，再加上發燒，她猜想自己可能得了乳腺炎。

原本文麗想忍到早上再去看醫師，但半夜時實在感覺太不舒服了，於是便去掛了急診。急診醫師開了消炎藥及抗生素給她，並且囑咐她這幾天不要餵奶了。看到手上的藥包，文麗突然覺得難過，如果自己早一點處理的話，是不是情況就不會變得這麼嚴重呢？寶寶也不至於好幾天沒有母乳可喝了！

乳腺發炎是哺乳時常見的情況，許多媽媽覺得疑惑，明明就有好好地擠奶，為何還是得到乳腺炎？常見造成乳腺炎的原因如下：

1. **乳汁堆積在乳管**：乳汁的生成是源源不絕的，當擠乳不定時、殘乳沒排乾淨、含乳不正確等，皆容易導致乳汁漸進性堆積在乳管中。

2. 乳汁質地變黏稠：飲食過於油膩、水分攝取不夠，也會讓乳汁的質地變得濃稠、不易排出。

3. 免疫力變差：作息不正常、免疫系統低弱，會使乳管容易感染發炎。

4. 不當擠乳：使用蠻力擠乳、硬擠，也會造成乳房發炎或乳腺炎。

當以下症狀出現時，代表乳腺炎可能已經找上門了，千萬不能掉以輕心。

1. 胸部出現局部硬塊，硬塊處有「紅、腫、熱、痛」的感覺。
2. 除了胸部不適之外，也會引起身體症狀，像是發冷、畏寒，接著開始發高燒、肌肉痠痛、疲勞倦怠、身體癱軟、食慾不振。

乳腺炎，就好比是發膿的青春痘，當痘痘的膿包沒被擠乾淨時，那顆爛痘還是會反覆出膿、感染。看醫生接受藥物治療，是利用吃消炎藥的方式來壓制發炎症狀，但吃藥不會讓膿包徹底不見，建議還是要把它擠出來、擠乾淨才行。因此，把發炎的乳汁擠乾淨才是治本的方法！

乳腺炎自救 SOP

步驟	做法	解決方式
Step1	視診＋觸診	觀察一下皮膚是否泛紅、變腫，再用手觸診以確定發炎的區塊範圍大小，並且用手背去感受局部的溫度是否較高。
Step2	親餵	寶寶吸吮是改善乳腺炎的最佳救星，可將寶寶的下巴枕在硬塊下吸奶，這讓發炎的乳管變得比較直，乳汁較好排出。
	溫柔手擠	如果是瓶餵的媽媽，或乳頭、乳暈已經水腫，造成寶寶無法正確含乳，此時可以嘗試用手擠乳來排除硬塊。 1. 先別急著按摩及硬壓硬塊，先把周邊能舒緩的乳汁先移除。 2. 再針對因為發炎讓彈性較差的乳管，進行輕微的晃動以及鬆動按摩；接下來順著乳暈的方向擠出。 3. 切記，不是對著硬塊直接按壓，因為這樣會讓發炎的管線受傷更嚴重、變得更腫！ 4. 不管是手動或電動吸乳器，此時應全部停用，因為真空吸引只會讓發炎腫脹的情況雪上加霜，改用手擠乳才是最好的方法。

步驟	做法	解決方式
Step3	冷敷	可用冷毛巾、冷敷袋或高麗菜葉等，敷在硬塊上方，以降緩發炎。 （每次敷十到十五分鐘，仍然腫脹時，可隔三十分鐘後再敷一次。）
Step4	就醫	到母乳親善醫院、乳房外科、泌乳顧問等機構就診，搭配藥物治療，讓發炎反應降低。
Step5	協助	以上方式自行處理後，若硬塊經過 24~48 小時左右仍然沒有排除，建議需尋求協助，以免造成乳汁化膿，讓症狀變得更加嚴重。建議可以找相關醫療人員或物理治療師等專業人員，而非一般民俗療法的「通乳師」、「按摩師」或「美容師」。

塞奶不處理，當心乳腺膿瘍

「你得了乳腺膿瘍，需要住院！」聽到醫師這麼說時，安妮感到一頭霧水，原本以為只是乳腺炎，為什麼會這麼嚴重呢？這一切都要從一週前開始說起。原本她只是覺得胸部有點脹脹、痛痛的，後來漸漸變成硬塊，雖然她也曾想過是不是乳腺炎，但症狀感覺沒有很明顯，所以就沒有特別去處理。由於硬塊一直沒有消失，寶寶吸奶也吸不出來，於是她有空時就會自己用手去推推擠擠，期望能把硬塊推散，想說這樣身體才會自己吸收掉。幾天後，乳房開始出現刺痛的感覺，但一方面是全職媽媽太忙，白天都要照顧寶寶，沒空看醫師，加上沒有發燒，所以就存著僥倖的心理，認為應該不會那麼倒楣吧！沒多久後，胸部變得又紅又腫，而且還痛得不得了，她只好拜託婆婆看一下小孩，趕快到醫院看診。醫師用乳房超音波確診後，告知她必須住院。安妮開始覺得悔不當初，一拖再拖的結果，竟然讓問題變得嚴重了。

當乳房有硬塊或乳腺發炎時，如果沒有好好處理，很可能會導致乳腺膿瘍，這就好比原本是一顆不太嚴重的粉刺，亂擠一通，造成不當刺激或感染後，反而更加嚴重，變成化膿的大痘痘。通常會從乳腺炎演變成乳腺膿瘍的原因，包括：

1. **不當擠乳**：常見的情況是媽媽把輕微的乳腺阻塞、水泡、囊腫，或是比較明顯的腺體等，誤以為是硬塊一直亂擠，不斷刺激之後，引起局部發炎、蜂窩性組織炎、蓄膿。
2. **塞奶太久**：奶水淤塞在乳房裡，一直沒有排除或被身體吸收，久了會形成非細菌性感染發炎，一旦病況持續，就有可能形成繼發性細菌感染，例如乳頭有裂縫等情況，病菌（常見為金黃色葡萄球菌）就會侵入造成細菌性感染。
3. 乳腺炎併發症。
4. 乳腺囊腫的併發症。
5. 慢性硬塊的併發症。

沒有經驗的媽媽，通常很難自我判斷是否為膿瘍，常常是硬塊放置時間過久，或者經常性的硬推、硬揉，造成發炎反應，等到乳房後端奶水越來越難移除，親餵時寶寶也不願意含乳，才發現問題已經很嚴重了。

當乳房局部感覺疼痛、皮膚水腫緊繃、發燒、脈搏加快，代表身體已經出現警訊，而若乳房充滿膿水液體，會出現紅腫、乳暈發亮反白、破皮、嬰兒不易含乳、擠乳困難等問題。

建議媽媽們，若乳房硬塊出現超過四十八小時以上，寶寶不願意親餵且無法自我排除，可尋求專業人員的協助及評估，才能避免膿瘍產生。

請注意！乳腺膿瘍需至乳房外科就診。乳腺膿瘍是乳腺炎的進階版，因為已經蓄膿了，所以要使用更高劑量的抗生素來治療。一旦吃藥效果不佳時，醫師還會在乳房上面打洞或放引流管，讓膿液跑出來，類似清創的概念，把髒東西清掉了，乳房恢復正常，才能繼續順利哺乳。

用對方法，高齡媽咪也能輕鬆哺乳

詩佳三十三歲時生下了老大，他們夫妻倆原本打算只要一個孩子，沒想到四年後又意外有了二寶。剛懷孕時，她也曾經徬徨猶豫過，除了經濟及有沒有長輩後援等現實考量之外，想到自己已經是高齡產婦，又要重新面臨教養寶寶的情況，更讓她覺得困難重重。幸好在先生的開導之下，她也欣然接受這份上天給的禮物。

常聽人家說「母乳最好」，生完老大時詩佳是採取全親餵，而且也達到供需平衡，不過這次輪到二寶，卻感覺乳量不似之前那麼多，需依靠配方奶才能讓寶寶吃飽。詩佳感到相當困惑，難道是因為高齡產婦的關係，否則為何奶水量會少那麼多呢？

「母乳最好！」是一句大家朗朗上口的口號，但問問身邊的媽媽們，幾乎每個人都有一段哺乳的辛酸血淚史。事實上，並非所有女性產後立刻就有源源不絕的母乳，哺乳過程中可能需要許多的學習及嘗試。

我曾服務過一位四十七歲的高齡產婦，由於無法正常懷孕，但又求子心切，九年間做了十二次試管，總共花了兩百多萬，好不容易才生下一對雙胞胎。

由於是高齡產婦又加上雙胞胎，孕期實在太辛苦了，這位媽媽剛生產後只想休息，寶寶因為早產體重較輕，所以都還放在嬰兒室，所以前三天並沒有太積極擠乳。第四天從一入住月子中心開始，她每隔三小時嘗試擠奶，卻沒有任何收穫，心情非常焦急，再加上寶寶又還在醫院，就忍不住自責了起來，她覺得此時自己能做就是收集母奶給寶寶，卻連一滴母乳都沒有，十分沮喪。

終於在產後第九天，她擠出一點點初乳，沒有哺乳過的人可能無法想像，這位媽媽初乳量竟然不到一ｃｃ。雖然乳汁的量很稀少，但卻大大發揮了鼓舞的作用，她十分驚訝地說：「天啊～原來我真的有奶水耶！」我檢視她的乳房狀況，發現雖然比較鬆軟，比較沒有脹奶的感覺，但還是能擠出母乳，因此鼓勵她：「不要放棄，妳的奶開始來了！」

這位媽媽看到自己竟然還能擠出乳汁，心情開始好轉，對哺乳開始有了自信，也重新燃起了希望！直到滿月時，我再關心她的狀況，她幾乎白天都是親餵哺乳，非常滿意哺乳狀態。

現在產婦有逐漸高齡化的趨勢，類似這位媽媽的情況其實並不少見。因此，遇到對哺乳比較沒有信心的新手媽媽們，我總是會跟她們說：「人類是哺乳類動物，所以一定會有母乳，先不用想那麼多，給寶寶吸就沒錯！」

幾乎所有新手媽媽都遇過同樣的情況，一開始奶量不多，但只要用對方式，往後的哺乳之路會更順暢。

暫時無法親餵時，別操之過急

雅婷的乳頭先天就比一般女生大一些，尤其懷孕後乳暈跟著變大，直徑甚至比一個五十元的硬幣還寬。從第一胎開始，她就希望能夠親餵，但因為乳頭太大、太長的關係，寶寶嘴巴還小含不住，加上奶陣一來，母乳會噴到喉嚨造成不適，寶寶一再拒絕媽媽的乳房，親餵之路也變得困難重重。

為了讓寶寶可以喝到母乳，雅婷只好先將奶水擠出來瓶餵，打算等孩子大一些再嘗試親餵。不過，因為她太仰賴吸乳器了，乳頭一直處於慢性水腫的狀態，寶寶一直覺得口感不對，即使等到長大一些、嘴巴口徑也稍微變大一點，仍然不願意吸吮媽媽的乳頭。

第一胎親餵失敗的經驗讓雅婷覺得很遺憾，也很挫折，但她仍然不想放棄，打算第二胎時再接再厲，試看看能不能讓二寶親餵。

的確，很多媽媽都像雅婷一樣，因為乳頭太大或異常造成哺乳困難而感到焦慮。遇到這種情況，我都會勸她們先不要著急，也別急著改成瓶餵，不妨先試著將母乳裝在湯匙或杯子裡，讓寶寶用「舔」的方式來喝奶，避免乳頭混淆的機率。先讓寶寶習慣這樣哺餵方式，並且經常與寶寶肌膚接觸，讓寶寶接觸乳房，不要遺忘媽媽的胸部，等到他大一些時，嘴巴口徑較大，再嘗試親餵看看。如果一開始就直接換成瓶餵，寶寶習慣用奶瓶吸奶，以後想改回親餵就真的會是個很大的挑戰了！

聽了我的建議之後，雅婷一開始先用杯餵，且常常保持跟寶寶肌膚接觸，直到一個半月後，二寶就發揮尋乳的本能，自己找到媽媽的乳頭吸吮，親餵成功！看到兒子專心吸吮、一臉滿足的表情，雅婷既興奮又感動。相信她的例子，也能鼓舞許多乳頭結構異常的媽媽們，只要找到方法，親餵真的不是難事！

寶寶不在身邊，如何同步追奶？

淑湄在懷孕三十三週時緊急剖腹，由於不足月的關係，寶寶體重還不到兩千公克，必須住在保溫箱裡觀察狀況。寶寶提早出生讓她十分焦慮，擔心早產會不會影響孩子的健康。

原本她十分期待親餵，享受跟寶寶肌膚之親，她聽了護理人員的建議後開始試著用手擠乳。不曉得是不是方法不對，每次奶量都超少，一天擠的奶量都沒超過十cc，每次都是一滴兩滴地流，完全沒有增多的趨勢。因為實在太擔憂寶寶的狀況，她幾乎食不下厭，雖然護理人員不斷鼓勵她要多擠奶、多刺激，她卻沒什麼心情追奶。婆婆看見她的情況十分擔心，都說親餵是刺激奶量最好的方式，但如果寶寶暫時不在身體，應該如何追奶呢？

早產媽媽奶量會比較少，通常都是因為焦慮、心情不佳而影響到奶量。此時雖然寶寶不在身邊無法親餵，但只要按時手擠乳，一樣能把奶量衝上來，否則之後追奶追得很辛苦。

要讓奶水源源不絕，最有效的方式是定時將奶水移出，建議暫時無法親餵的媽媽們，即使無法親自哺餵寶寶，還是須模擬寶寶喝奶的情況來擠奶，也就是擠的次數和奶量最好跟寶寶喝奶頻率吻合。藉由不斷的刺激讓奶水保持充沛，等到寶寶回來時，才能跟親餵時間銜接上。

若無法確切知道寶寶餓的時間，不妨可以三到四小時擠一次。

4

新手媽媽常犯的錯誤

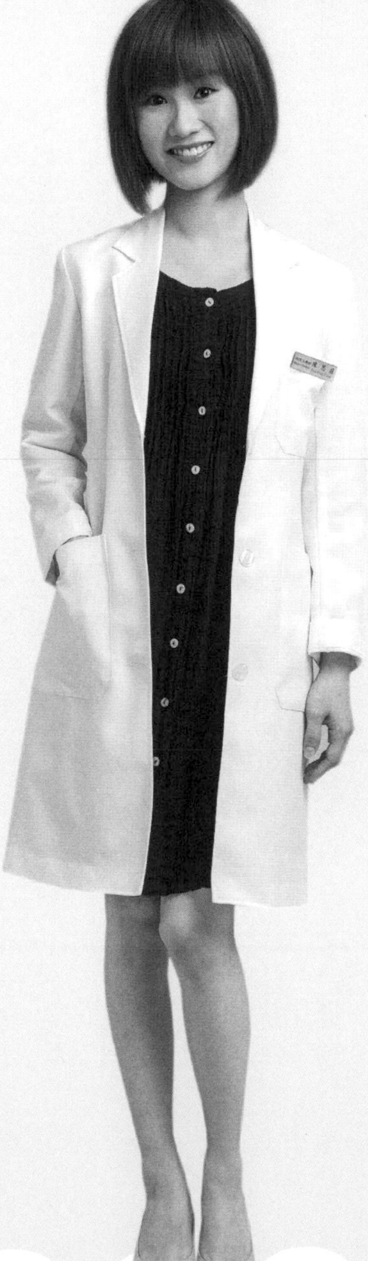

奶量衝不上來，先別操之過急

孟萍是事事要求完美的A型人格，她的座右銘就是「要做就做到最好」。工作時，就算主管沒有開口要求，她也經常要求自己達到目標，當角色轉換為媽媽後，她當然也希望在育兒成績單上能得到高分。

不曉得是不是因為對自己要求太高，反而讓心情受到影響，哺乳時她的奶量一直衝不上來，真的讓她好氣餒！什麼魚湯、雞精、泌乳茶都喝了，擠奶的時間也沒比別人少，但奶量還是一直卡關。試了兩週之後，她覺得實在太累了，心想既然沒有奶水，乾脆給寶寶全部喝配方，反正每天都只有一點點母乳，也起不了什麼作用吧！

像孟萍這樣的媽媽，還真的滿多的，因為覺得母乳太少沒功用，於是乾脆全換成配方奶。我曾遇到一個個案，寶寶每天母乳的需求量是六百ｃｃ，但媽媽只能提供五百ｃｃ，一般人可能會覺得補一百ｃｃ配方奶就解決問題，但這位媽媽卻因無法全母乳而愧疚，認為不能百分之百滿足寶寶的需求，實在太對不起寶寶了！尤其事事要求完美的A型人格，遇到這樣的情況，可能會想既然無法做到一百分，那不如不要餵算了。

我想提醒所有的媽媽們要有一個正確的觀念，餵母乳是「重質不重量」，即使不夠全，母乳的母奶量也能發揮提供寶寶抗體作用。母乳對寶寶最有益的部分其實是抗體，再少量的乳汁也有抗體，不一定要到達多了不起的量。因此，就算奶量再少，只要能持續下去，一定比只短暫哺乳對寶寶更好。想想看，每天喝一半母乳加一半配方奶的寶寶，如果能一直餵到一歲，跟全母乳只餵到二個月，哪一種情況對寶寶較好？答案是前者。因此，請記得將餵母量的時期餵得越久長越好，因為妳給寶寶的抗體就越久喔！媽媽們，請對奶量釋懷，打開心結，母乳之路才能堅持下去。

黃疸寶寶更應該多喝母乳

美月哺餵母乳三天後，發現寶寶的膚色越來越黃，因為新生兒多少都有黃疸現象，因此也沒特別注意。大約五、六天開始，寶寶的皮膚變成深黃色，就醫後發現黃疸指數超標！美月心裡七上八下，擔心黃疸會在寶寶身上留下後遺症，也急著想知道改善的方法。她腦中突然閃過一個念頭，聽說母乳會造成黃疸，是不是因為自己堅持全母乳，才導致孩子黃疸指數過高呢？要不要停餵母乳呢？

血液中的膽紅素過高，就會造成黃疸，而新生兒因肝臟的代謝能力較慢，容易讓膽紅素滯留體內，造成黃疸現象。

十個新生兒中，大約有六至八個有黃疸，不過大部分屬於生理性黃疸，會隨著寶寶肝臟代謝能力成熟後而逐漸消失。新生兒黃疸中少數是屬於病理性，可能原因為血球過多症、膽道閉鎖、肝裂等問題。一般而言，病理性黃疸可以從「便便」判斷，如果是灰白色代表可能有問題，應盡快帶至小兒科檢查。

還有一種稱為「母乳性黃疸」，看到這個名稱，有些人可能誤以為母乳會導致黃疸，其實剛好相反，母乳性黃疸是指哺餵母乳量不夠導致黃疸。因為母乳具有輕瀉的作用，幼寶寶初乳喝的量多，排泄量也會比較多，有助膽紅素隨著糞便及水排出體外。因此，有黃疸的寶寶更應頻繁親餵或喝母乳才對。

有些人發現寶寶有黃疸現象，就會勸媽媽先停餵母乳，改餵配方奶，以為喝配方奶的量比較多，代謝作用也會比較強，不過這樣的迷思已經被破解了。我曾遇過一個媽媽，第一胎因為有生理性黃疸，護理人員建議她改餵配方奶，當時她雖然照做，卻因為瓶餵造成乳頭混淆，後來想換回親餵，寶寶就不肯了。第二胎時又是黃疸，這次她學聰明了，還是堅持全親餵，不久後二寶黃疸也消失，哺乳也沒受到影響。

塞奶時別泡熱水澡

綺蓁是個年輕的新手媽咪，喜歡搜集各式各樣知識，連國外的資訊也不放過。最近她在看國外資料時，發現上面提到一則改善塞奶的妙方，那就是一邊泡澡一邊餵奶，剛好她三不五時就會遇到奶水淤塞的情況，於是便仔細研究起來。書上說泡澡時體溫會上升，血液循環會變好，乳腺代謝也會跟著變好。此外，她想像胸部的脂肪被熱水軟化，奶水也比較容易流出，此時趕快把寶寶抓過來吸奶，很容易就能讓阻塞的乳腺暢通。雖然看起來是省時省力的方法，但綺蓁還是半信半疑不敢輕易嘗試，這樣的做法真的沒問題嗎？

利用泡熱水澡時餵奶來解決塞奶，這樣的方法有待斟酌。因為若奶水已經開始堵塞，還讓胸部浸泡在熱水裡，塞奶的情況可能會變得更嚴重，也容易引起乳房組織發炎。

比較正確的做法是以淋浴的方式來進行，但淋浴的熱水沖的部位是在後背部，而不是胸部。用熱水沖背沖個十分鐘左右，讓身體整體溫度稍微上升一些，此時身心也會感覺比較放鬆，可以開始擠奶，對塞奶的情況確實有改善的效果，但切記並非對胸部直接熱敷。

不要再用公式計算奶量了

新手爸媽對寶貝的一切總是小心翼翼，生怕不小心出錯會傷害寶寶。小宇跟小君也是這樣一對可愛的爸媽，連寶寶每天喝奶量多少都用公式小心計算。新生兒剛出生時不是吸奶就是睡，再不然就是哇哇大哭，連媽媽都搞不清楚是不是餓了。看到小君一臉迷糊樣，小宇捍衛兒子的健康，上網查了寶寶每個階段應哺乳的奶量，要求小君一定要餵到差不多的量，這樣孩子才有「一瞑大一吋」的本錢。雖然爸媽如此認真，但兒子就是不買單，奶量總是喝不到爸爸的要求。望著沒有喝到見底的奶瓶，小宇無奈地搖了搖頭，心裡不斷盤算著要用什麼方式來讓兒子多喝一些奶……

在各大醫院衛教室裡，確實都有一張奶量的建議表及計算公式，很多新手爸媽會照著上面按表操課，讓寶寶盡可能喝到相似的量，最好不要太多或太少。對於親餵的媽媽而言，寶寶每餐喝奶量很難計算出來，這樣的表格應該無用武之地，而瓶餵的媽媽如果完全遵照著上面的數字，反而容易給自己壓力。因此，建議爸媽們不用太過在意奶量的數字或刻度，想知道寶寶餵得夠不夠，其實只要從寶寶的反應或每天換的奶布去觀察即可。

寶寶不會說話，無法用言語表達是否每次吸奶都有吃飽，媽媽們可以注意小朋友有沒有出現飢餓反應。如果寶寶睡眠時間規律、不會躁動、沒有結晶尿，皮膚也不會很乾燥，那就表示營養足夠，奶量也有滿足到需求。寶寶的體重發展也是判斷標準之一，如果按照生長曲線正規成長，家長就無需擔心。如果出現相反的情況，就應該調整喝奶量。

此外，可以從「輸出量」，也就是尿液的多寡來推估。滿一週的寶寶的尿布量一天差不多可以更換六到八片左右的尿布，而且是有重量的即可放心。

「大姨媽」不是哺乳殺手

靜怡是個全職媽媽，原本打算一直餵母奶，等到寶寶長大不喝再自然斷奶。從產後到餵母乳前五個月的時間，月經一直都沒來報到，她也安心享受這段哺乳時光。沒想到今天上廁所時，她卻發現大姨媽來了！這真的讓她感覺青天霹靂，因為聽說月經來了之後，因為荷爾蒙的影響就會開始退奶，而且她覺得奶量比之前少很多。月經來了之後奶量就會銳減嗎？是否再也無法達到供需平衡了呢？

月經的確會讓泌乳量減少，不過先不用太過緊張，大姨媽出現不代表哺乳期要結束了，受影響的只有月經週期那幾天，之後又會恢復正常的。

我遇到的案例裡，有些媽媽在經期時奶量會降低不少，通常一餐差不多掉三十到五十ｃｃ左右，比較嚴重的還可能少一半。如果媽媽不了解這是正常的現象，以為奶量不明原因變少，心情受到影響，漸漸地對於餵奶失去信心，哺乳頻率減少，這樣自然而然就退奶了。因此，當大姨媽來時請保持平常心，維持規律的親餵或擠乳頻率，等到週期過後，奶量自然會回升來。

有一位媽媽在臉書私訊問我：「產後月經來了，奶量品質會變差？」月經來後，乳汁品質並不會變差，乳汁比平時濃縮，所含脂肪減少，蛋白質增多，這種乳汁對寶寶來說也是有營養的。媽媽們在月經來時可多喝點開水，多吃些魚類、牛奶、禽肉和蔬菜湯，增加乳汁品質。

哺乳期別忘了補鈣

俗話說：「生一個孩子，掉一顆牙。」小蝶知道胎兒需要很多鈣質，因此懷孕時除了每天喝牛奶之外，也會乖乖吞鈣片，這樣的習慣一直保持到生產前一刻，但寶寶出生後，忙於育兒就沒有刻意補鈣了。最近她發現腰總是痠痠、痛痛的，忍不住跟媽媽抱怨了一下，媽媽一聽，馬上問：「妳現在還有補鈣嗎？寶寶喝奶時也會搶走很多鈣質喔，如果不管的話，很快就會掉牙了！」小蝶聽了之後滿臉疑惑，不是孕期才需要補鈣嗎？

孕期補鈣是所有媽媽的共識，但很多人都忽略了哺乳期也要補鈣。根據研究統計，產後哺餵母乳一個月流失的鈣質，可抵過更年期婦女一年所流失的量，提高產後骨質疏鬆症的風險。此外，國人飲食中鈣質攝取量原本就嚴重不足，成人每日鈣質建議量為一千至一千兩百毫克，但成年女性平均攝取量只有三分之一，男性也少了一半。

想要補鈣的媽媽們，除了喝牛奶之外，不妨多吃蝦米、小魚乾、黑芝麻、海帶、豆干等高鈣食物，同時也別忘了多曬曬太陽，才能增加體內的維生素D，更有助於鈣質吸收。

一定要學會的母乳保存法

小嫺是瓶餵的媽媽，每次擠完奶她都會謹慎地冰進冷凍庫裡，她覺得溫度夠低才不會滋生細菌，要喝的時候再拿出來退冰就可以。因為冷凍過的母奶退冰滿慢的，給寶寶喝奶前，她一定會拿出來隔水加熱，大約是使用飲水機九十度左右的水。回溫過的母奶，如果在室溫下超過一小時，她就不敢給寶寶喝，覺得已經有腥味跑出來，怕喝了會拉肚子。小嫺不知道自己的做法是否百分之百正確，但寶寶喝了都沒出什麼狀況，應該沒問題吧？

母乳的保存，有所謂的「三五原則」，正確的方法才能避免營養流失或變質：

母乳3~5原則

1. 室溫：3~5小時
2. 冷藏：3~5天
3. 冷凍：3~5個月

剛擠出來的母乳，可放在室溫中三到五個小時不會壞，冷藏的話可保鮮三到五天，冷凍則是三到五個月。一般媽媽最常犯的錯誤，就是把擠好的奶全擠進冷凍庫裡，寶寶要喝時再拿出來退冰。其實，若是三到五天內可喝完的母乳，只要放在冷藏庫即可，不用特意冰進冷凍庫裡。此外，如果是隔天要喝的母乳，前一天可先從冷凍庫移到冷藏，要喝時再拿到室溫自然解凍、使用母乳加溫器或在流動冷水下沖水都可以，如果用隔水加熱或熱水解凍等方式，會破壞母乳中的蛋白質，導致營養流失。

〈不必在意前、後段奶，寶寶喝飽最重要〉

Lisa是個認真的新手媽媽，懷孕時就開始搜集各方資訊，生怕自己不能給孩子最好的。當然，關於母乳的資訊，她也研究得很透徹，知道有「前奶」及「後奶」的差別。她知道前奶的脂肪含量比後奶少，因此寶寶吸奶一定要喝到後段奶，熱量才會充足。知道這個原則後，每次親餵時她都盯著寶寶瞧，無論如何也要讓他吸到最後。不過很可惜的是，雖然媽媽很認真，但寶寶卻無法配合，每次都吸不到十五分鐘，不管如何哄騙就是不願再吸。最令Lisa苦惱的是，不到兩小時，寶寶很快又餓了，餐跟餐之間很密集。雖然她曾試圖拉長兩餐之間的間隔，但孩子一直討奶喝，當媽媽說什麼也不忍心讓他挨餓。Lisa在意的並不是寶寶少量多餐，自己要一直哺餵很辛苦，而是擔心孩子每次都只喝到前段奶，會不會因熱量不夠而體重不足呢？

比較有概念的媽媽應該都會知道，母乳是「活」的液體，成分是動態的，就算是同一餐，第一口跟最後一口的營養也不一樣。

母乳的成分主要是脂肪、乳糖、蛋白質及水，根據研究顯示，越前面擠出來的母乳，乳糖比例越高，含水量較多，顏色也較稀一些，而越後面的母奶，則是脂肪比例越高，顏色也越來越白。由於後段奶的脂肪含量較多，有些媽媽會擔心若孩子每次都只吃到前段奶，會不會熱量不夠。其實前、後奶之間並沒有明顯的界線，媽媽們不必過於執著於兩者的差別，反而應該注意寶寶是否有充分的吸吮時間，不該倉卒停止餵食，這樣才能確保孩子有攝取到足夠的後奶及熱量。如果不知如何判斷吸奶時間是否充足，只要確定每次乳房都有被寶寶吸到整個變得鬆軟即可。

當然，每個孩子的個性及需求都不同，有些寶寶的確喜歡少量多餐的哺餵方式。如果孩子也是屬於這樣的類型，其實也不必過於焦慮，因為寶寶每天所需的熱量，主要是看整天吸奶的總量而定，並非只靠後奶的脂肪量，前、後奶的定義只是參考而已。

母乳是寶寶最佳的營養來源，媽媽的乳汁還有許多好處：

1. **減少過敏**：寶寶的腸道尚未發育完全，還有無數的開孔，因此容易被過敏原入侵。母乳中所含的物質能夠在寶寶的腸壁上形成保護膜，促進腸道表皮的發育，能有效降低過敏的可能性。

2. **幫助良好的消化和吸收**：母乳中含有脂肪酶和澱粉酶，這些都是有助於消化的成分，因此胃腸道功能脆弱的新生兒，也能夠容易消化和吸收母乳中的各種營養成分。

多久擠一次奶，沒有標準答案

美娟是個高齡產婦，懷胎十個月整個背著沉重的大肚子，已經讓她時常覺得力不從心，加上生產時體力透支，產後身體變得非常虛弱。先生心疼她年紀大才生小孩，即使家境不是太富裕，仍然花了一筆錢讓她住坐月子中心。原本以為月子中心有專人服務，產後終於可以稍微喘口氣，好好休息一下，沒想到護理長是標準的母乳教派，每天不斷地鼓吹美娟趕快擠奶，否則寶寶會輸在起跑點。聽到她這樣說，就算再疲憊，當媽媽的也只好振作起來擠奶。當美娟擠出一咪咪初乳時，熱心的護理長又不斷鼓勵她要多擠，至少兩小時擠一次，甚至連半夜都應該爬起來擠。每天早上護理長來查房時，也會關心昨晚美娟擠奶的頻率，如果發現她偷懶，就會語重心長地告誡：「妳一定要把奶量衝上來，回去上班奶水會變少，要趁現在多擠一些！」

美娟真的覺得好痛苦，坐月子不就要讓媽媽好好休息嗎？為何要如此頻繁地擠奶，連覺都無法好好睡呢？

剛生完後的媽媽，常被衛教人員叮嚀要頻繁擠奶，甚至有些護理人員要求媽媽最好兩小時擠一次奶，認為唯有不停地擠、擠、擠，奶量才會不斷地被激發出來。

的確，奶水要分泌出來，除了親餵之外，就是必須擠奶，但究竟需不需要如此密集地哺餵或擠奶，應該視自己寶寶的狀況而定。如果妳的寶寶平均兩個小時就餓了，那就應該兩小時餵一次或擠一次奶。如果寶寶每次喝奶量比較多，可能四小時才需進食一次，媽媽們又何必兩小時擠一次呢？親餵或擠奶的頻率沒有標準答案，只要合乎自己寶寶的狀況，就是最正確的做法。

如果媽媽的奶量無法達到供需平衡，寶寶吸完奶還表現出很餓的樣子，此時媽媽就可以嘗試更努力一些，擠乳的頻率要多於寶寶吸奶的時間，才能把泌乳量給衝上來。此外，每次擠乳所需時間，每個媽媽都不太一樣，一般平均是三十分鐘左右，但如果擠完胸部仍感覺脹脹、硬硬的，應接著擠到整個變軟為止。

（半夜擠奶事半功倍？）

小芃是個全職媽媽，平常都是親餵，剛生完前幾個月時，只要寶寶肚子餓，就算再累半夜也會起來餵奶。好不容易熬到寶寶可以睡過夜了，終於可以不用天天熬夜，可以睡久一些。當她把這個好消息告訴朋友時，沒想到對方卻說半夜是泌乳激素分泌的高峰點，半夜起床擠奶對增加奶量非常有效。因此就算寶寶睡過夜，媽媽也應該自己調鬧鐘爬起來擠奶，不要因為貪睡錯過增加奶量的機會。小芃雖然想幫寶寶多追一些奶，但也不想每天臉上都掛著熊貓眼。為何寶寶半夜都不討奶了，媽媽還要爬起來辛苦地擠奶呢？

根據醫學研究報告顯示，凌晨三到五點是人類泌乳激素分泌最顛峰的時候，許多母乳衛教人員會鼓勵媽媽這個時間起來擠奶，當然，也有許多求好心切的媽媽們會看準時間，自動自發起來「加班」。

不過，我也常遇到媽媽詢問：「不是說凌晨奶量最多嗎？為什麼我擠了都沒用呢？」

首先我們應該先了解，這個醫學研究是由健康的成人做抽血檢測，檢測泌乳激素這項荷爾蒙分泌的巔峰時間落在哪，實驗結果是落在凌晨三至五點。

凌晨三至五點是一般人熟睡的時間，身體處在休息、放鬆的狀態，情緒也是最穩定的時候，因此泌乳激素才會大量分泌。

如果為了配合泌乳激素分泌的高點，媽媽必須拖著疲累的身軀，心不甘情不願地起床擠奶，在這樣的情緒及壓力之下，泌乳量怎麼可能會多呢？有些比較容易緊張的媽咪，一想到半夜要準時爬起來，還可能因此睡不好。因此，強迫媽媽半夜起來擠奶，效果可能適得其反。我通常會建議媽媽們，不如好好睡一覺，等睡飽了再起來，在精神及心情都不錯的狀態下擠奶，反而有意外的收穫。

過度清潔乳房，反而造成乳腺炎

美涓是個事事要求完美的ＯＬ，職場上總是力求做到盡善盡美，同樣地，當了媽媽之後，她也想把最好的留給孩子。從懷孕開始，她就不斷地搜集各種育兒資料，也看了許多相關書籍，幾乎到了達人等級。不過，她怎麼也沒想到自己竟然也有得到乳腺炎的一天！

「每次哺乳前、後，我都清潔得很徹底，怎麼可能還會發炎呢？」美涓充滿困惑地提出疑問。聽到這裡，我大概已經猜到她的問題是什麼，但還是耐心詢問：「妳都怎麼清潔乳房的？」

為了避免寶寶吃到細菌而生病，美涓每次哺乳前都會仔細清洗胸部，寶寶喝完奶後，她會再用酒精棉好好消毒一下乳房，之後再用乳頭清潔棉擦拭一次。如此費盡心力維持胸部的清潔，為何還是無法避免乳腺炎呢？

其實，許多都會區媽媽都跟美涓犯了相同的錯誤，那就是「過度清潔」。有些媽媽怕讓寶寶病從口入，會用毛巾擦拭乳頭，有些則會使用酒精棉直接消毒乳房，或乾脆用水沖洗胸部。

想想看，乳房的肌膚那麼敏感脆弱，怎麼有辦法承受一天好幾次的清潔、消毒、搓擦呢？過度清潔，對媽媽跟寶寶都沒有好處，太愛乾淨的結果，反而會把乳房皮膚上的油脂跟角質層破壞掉，失去了天然的保護層，反而造成皮膚脆弱，進而容易破損，當乳房一有傷口就很容易造成發炎！

此外，媽媽的乳暈周圍有一些白色顆粒，稱為「蒙哥馬利腺體」，會分泌一種獨特香氣，可以誘導寶寶聞到香味，進而知道什麼位置可以吸奶。如果媽媽每次都用清潔棉擦拭，蒙哥馬利腺體散發出來的味道會被擦拭掉，小朋友因此聞不到正確位置吸奶。蒙哥馬利腺體會分泌油脂來保持乳頭的柔軟與清潔，有利於寶寶吸吮，過度清潔會將上面的油脂清除，同時也會失去保護作用。

網路上有些文章指出，媽媽哺乳或擠奶前、後，如果沒有好好清潔或消毒乳房，會讓寶寶吃到不潔的物質，造成拉肚子。其實這是完全錯誤的觀念。常接觸媽媽身上的菌種，反而能讓寶寶腸道菌群正常建立，有助於提升免疫系統。

因此，不管是親餵或手擠乳前，可以適當清潔手部，至於乳房只要每天洗澡時清洗即可！

其實媽媽身體的菌絡叢跟寶寶是一樣的，適量吃到這些菌種是很安全的，並不會拉肚子，而且還會讓寶寶產生抗體。哺乳中的媽媽只要按照平時的習慣洗澡、清潔身體就足夠，不需特地過分清潔或消毒乳房。

用乾毛巾或衛生紙按壓乳頭，避免奶垢產生

哺乳時難免會出現奶垢，一般而言無需特別清潔，除非已經厚到造成塞奶。親餵時小朋友會將乳頭上的母奶舔乾淨，比較不會有奶垢產生，手擠奶的媽媽可能會殘留一些奶水在奶頭，奶垢發生的可能性較高。擔心奶垢影響清潔的媽媽們，可以每次餵完奶或擠完奶後，用乾毛巾或乾淨衛生紙稍微壓乾乳頭，如此可以吸乾上面的奶水。

如果乳頭上已經有奶垢，可以至藥局購買無菌紗布，沾一點生理食鹽水或溫開水，輕輕敷在乳頭上，等軟化再撥掉即可。

乳頭出現小白點怎麼辦？

美雪因為乳頭感染，奶水無法正常移出來找我諮詢，我看著她已經潰瘍的奶頭，忍不住問：「怎麼會變得這麼嚴重？」原來，原本只是塞奶導致乳頭出現小白點，心急的她拿著紗布不斷胡亂搓擦，不但沒把白點搓掉，反而因感染而發炎！乳頭感染後又因組織腫脹、擠壓，造成乳腺變細、變扁，奶水也無法正常移出，塞奶的情況就更為嚴重。

哺乳時塞奶是很常見的狀況，其實只要正確處理，很快就能恢復正常，最令人擔心的是有些媽媽急著想解決又用錯了方法，反而引發一連串的問題，甚至造成感染。

哺乳中的媽媽如果吃得太油膩或水喝得太少，奶水中的脂肪酸濃度太高，很容易就會形成凝乳塊堵在乳頭，進而出現小白點，後面的奶水也會因為阻塞而擠不出來。大部分媽媽看到小白點時，都想趕快清除掉，可能會用指甲去摳，拿尖銳的東西去輕刮，甚至把針拿去用打火機烤一烤，以為這樣就算消毒了，然後去挑傷口，最終演變成感染、發炎。

當乳頭出現小白點時，應避免以下事項，以免情況變嚴重：

1. 熱敷胸部硬塊。
2. 過分搓揉乳頭。
3. 拿異物刺傷乳頭。
4. 使用吸乳器。

想要消除小白點，可以把生理食鹽水或鹽水倒入容器（例如瓶蓋）中，將乳頭浸泡在裡面，利用滲透壓的原理來改善情況。因為鹽水濃度比體液高一些，離子交換的結果，就會把凝乳塊吸出來。此外，也可以用無菌紗布沾一點橄欖油，濕敷在乳頭上，等角質軟化後用水清洗一下，之後再讓寶寶吸吮或用手擠看看，就能解決小白點的問題。

胸部感染念珠菌，可以繼續哺乳嗎？

每當乳房出現小白點時，芳婷就知道自己又出現乳房阻塞的症狀，由於之前已經有好幾次相同的經驗，所以這次她也沒特別理會，只是先暫停吃一些高油脂的食物，並且持續親餵，想說應該很快就會好轉。幾天後，寶寶吸右邊乳房時都感覺特別疼痛，就像被針刺到一般，痛的感覺還延伸到肩膀及後背，甚至哺乳完穿上內衣都還是痛。忍了幾天之後，芳婷發現小白點沒有像以前一樣消失，仔細一看長相好像有點不同，有點像白斑，除了刺痛之外，也會覺得癢癢的。先生聽了她的描述之後，擔心上面的細菌或髒東西會傳染給寶寶，要她先停止哺乳，並且趕快去就診。醫師說這是白色念珠菌感染，哺乳媽媽常會遇到這樣的問題，只要好好治療，很快就會好起來的。

哺乳時，媽媽乳房的健康也是很重要的，有時餵奶感覺疼痛，可能是因為感染了念珠菌的關係。念珠菌是一種黴菌，事實上它們一直跟人體共存著，像是皮膚表面、腸道、口腔都有，在正常的情況下，存在量不多，因此不會作怪，但在免疫力比較差或環境比較潮濕時，就會大量繁殖、引發感染。感染念珠菌時，乳房會感覺疼痛、搔癢，有時還會出現紅疹，嚴重一些的還會出現白色乳酪狀物質。通常，媽媽乳房會感染念珠菌的原因如下：

1. 溢乳墊沒有經常更換、太潮濕。
2. 手沒有清潔乾淨就接觸乳房。
3. 寶寶有鵝口瘡，吸奶時傳染給媽媽。
4. 奶瓶、奶嘴清潔不夠徹底，或洗好沒有風乾。

很多媽媽發現感染念珠菌後就會停止親餵或改成瓶餵，其實這是不必要的。

由於寶寶跟媽媽會交互感染，因此不管是媽媽出現念珠菌症狀，或寶寶有鵝口瘡，只要有任何一方出現問題，都要一起就診，同步治療，才能避免反覆感染。

掌握拍嗝技巧，避免寶寶溢、吐奶

初為人母的文琪，早就被告誡寶寶喝完奶一定要幫忙拍嗝，否則很容易溢奶，嚴重一點還會害孩子因而窒息。每次寶寶喝完奶時，文琪總是耐心地拍嗝，一定要聽見打嗝聲才敢把他放下來。只是拍嗝有時真的不是那麼容易，常常拍了半小時，寶寶還是沒打嗝，有時還自顧自地睡著了。有幾次喝完奶後幫寶寶拍嗝，卻怎麼也沒有成功，母子倆都有些累了，於是她便偷懶放棄，但心裡卻感到十分心虛，擔心會不會因此害了寶寶。

寶寶每次喝完奶都一定要拍嗝嗎？有沒有快速有效的拍嗝方法呢？

很多媽媽以為寶寶喝完奶、拍完嗝後，才算完成餵奶程序，打嗝、排氣後寶寶也會比較舒服一些，能減少脹氣、溢奶的可能性。剛出生的寶寶消化器官發育尚未完全成熟，食道較短及蠕動性較差，加上胃的容量很小，當空氣進入寶寶的消化系統時，若沒有排氣，易導致奶水跟空氣一起跑出來，發生吐奶、溢奶、嗆奶等情況。拍嗝，就是利用震動的原因，將體內的空氣拍出來。

不過，究竟需不需要進行拍嗝這個動作，其實跟寶寶進食的狀況及喝奶的方式有關。

親餵的寶寶如果沒有含乳問題，嘴巴也不會一直脫離媽媽的乳房，吸到空氣的機率不高，其實不太需要拍嗝。但如果常脫離乳房就需要，而瓶餵的方式較易吸入空氣，喝完奶後拍一拍會比較舒服一些。

目前一般常使用的拍嗝法有以下三種：

1.肩上式：

將寶寶的頭靠在媽媽的肩膀上，頭側向媽媽的臉。媽媽的手掌微彎，由下往上輕輕地拍在寶寶肩胛骨上。

2. 側坐式：

先讓寶寶側坐在媽媽大腿上，媽媽將一手虎口勾住寶寶一手腋下，接著讓寶寶的頭側趴在手肘前半段上，避免寶寶的頭因拍嗝動作搖晃影響頭部，另一隻手掌拱起在寶寶背上拍嗝。

3.旋轉式：

寶寶坐在媽媽腿上，一手輕托他的脖子，另一手扶住下巴，緩慢地旋轉。

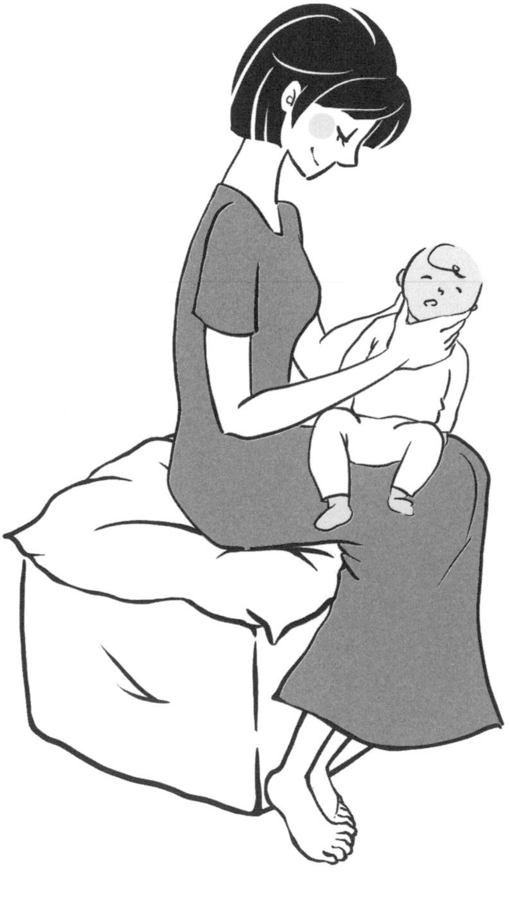

母愛不間斷，孕期仍然可以哺乳

接力奶，指的是當寶寶還沒斷奶時，媽媽又懷了下一胎。對很多哺乳時又懷上二寶、三寶的媽媽而言，要不要斷奶，真的是一個十分糾結的問題，而于茹就遇到這樣的狀況。

于茹是個崇尚母乳的媽媽，只要孩子想喝，當然不願先放棄。大寶一歲半時，她又懷上了二寶，原本這是件令人開心的事，卻因為家人對哺乳觀念的不同，差點導致家庭戰爭。于茹覺得母乳是她給大寶最好的禮物，加上懷二寶後泌乳還是很正常，沒有理由這時候斷奶。不過婆婆一下子說懷孕時母乳有毒，不能繼續給孩子喝，一下子又說容易流產，最後還威脅她這樣會讓肚裡的二寶營養不良，好說歹說，就是要她趕快停止哺乳。于茹覺得貿然斷奶對大寶而言很不公平，而且之前朋友也曾餵過接力奶，沒聽說出什麼狀況。雖然自己的意念很堅定，但一想到要說服老人家，還是挺傷腦筋的。

很多媽媽已經懷了二寶，但大寶還在吃奶，都會猶豫到底還要不要繼續哺乳？因為很多婆婆媽媽都會不斷勸告她們，若是肚子裡有了二寶，就要趕緊幫大寶斷奶，否則容易流產。有這種想法的人，是因為對於母乳育兒沒有正確的認知。

國際母乳學會（La Leche League International）的一些研究調查顯示，流產與哺乳並無絕對因果關係。通常會有這種觀念混淆，其實是沒搞清楚懷孕期間哺乳需要注意的事情是什麼；如果充分了解，並且學會觀察異狀，當然是可以持續哺乳的！

不適合孕期哺乳狀況：

1.具有早產病史或安胎經驗。
2.多胞胎。
3.孕期有不正常宮縮狀況。
4.因胎位不正，正在服用子宮鬆弛劑者。
5.胎兒體重無明顯增加。
6.哺乳時發現有出血症狀。

除非有醫學上的考量外，只要媽媽有哺餵母乳的意願，都是可以持續進行的！除非寶寶自己不願意喝，或媽咪有離乳的考量，否則在哺餵母乳的過程中，除了可以提供母奶的營養價值外，最重要的是，可以培養母子之間的親密關係！

其實，懷孕後不但能繼續哺乳，還有許多優點，例如：

1. 持續性吸吮，可減緩產後乳房充盈的不適。

2. 若二寶有特殊狀況無法親餵或早產，可藉由大寶持續哺乳，讓乳汁持續分泌。

3. 減少大寶「返嬰現象」、「倒退現象」。很多孩子會在媽媽生下弟妹後，出現小嬰兒的舉動，例如吸吮手指、黏著媽媽、要抱抱、夜哭等，稱為「返嬰現象」或「倒退現象」。二寶出生後，大寶可能必須同時面對「弟妹來瓜分媽媽的愛」與「離乳」兩種改變，如果能在孕期跟大寶溝通並改變哺乳型態或漸進式離乳，比起生產後突然要離乳，孩子的情緒反應會緩和一些。

當然，孕期哺乳可能會有一些不適的情況出現，此時可以做些小改變。

孕期哺乳常見問題	調適方法
肚子逐漸變大， 造成哺乳姿勢不舒適。	可改側躺餵， 身體盡量有靠墊跟枕頭支撐。
媽媽乳頭變得敏感、疼痛。	● 分散注意力，看書或聽音樂、用拉梅茲呼吸法試試。 ● 跟寶寶良性溝通，漸進式減少吸吮頻率。 ● 把母乳擠出來，改用瓶餵方式。
乳量減少、乳汁味道改變。	● 與寶寶溝通媽媽目前的身體狀況，讓他了解乳汁味道改變與變少的原因。 ● 添加副食品，提供寶寶正常所需。

育嬰假結束前，先調整奶量

經過將近兩個月辛苦又甜蜜的哺乳時光，芊慧的產假也休得差不多了，準備重新回到職場上班。雖然無法像之前那樣經常可以親餵，但她還不想放棄哺乳，打算白天利用休息時間多擠一些。開始上班前一週，她還仔細計算過寶寶一天所需的奶量，認為就算擠奶次數不再頻繁，只要每次多擠一些，還是可以勉強供需平衡。但人算不如天算，從第一天上班開始，她每次擠出的奶量都比之前在家時少很多，就算有心想追也追不回來！同事看見她的情況後，都勸她乾脆放棄吧！身為過來人，她們說只要回來上班後奶量就一去不回頭了，與其讓自己這麼累，還不如直接退奶算了。芊慧心裡真的非常掙扎，是不是所有的職場媽媽都無法堅持繼續餵奶呢？

很多上班族媽媽產後想重回職場都會面臨同一個問題，那就是哺乳或擠奶的時間無法再那麼頻繁，奶水也會跟著「縮回去」，有沒有辦法能繼續源源不絕呢？

她們的奶量快速減少不外乎幾個問題：

1. 工作忙碌，沒辦法像之前一樣密集擠奶。

2.工作、家庭蠟燭兩頭燒，壓力超大，影響乳汁分泌。
3.飲食不定時，營養不夠。
4.喝水量太少，乳汁的原料不夠。

媽媽們準備重回職場前，應該先評估看看是否供需平衡，還有沒有能力再多存一點奶，以免上班後奶量往下掉，還有存糧可以補上來。因此，上班前二週可以試著追奶，每次多擠二十到三十ｃｃ左右，把奶量衝上來。擠奶的頻率也要漸進式拉長，最好模擬上班的狀況，例如出門前先擠一次奶，中午擠一次，下班離開公司前再擠一次，回家改成親餵或手擠都可以。

除了改變擠奶的頻率跟量之外，還得檢視一下公司的環境，例如是否有哺乳室，如果沒有的話，能否使用倉庫、會議室或單獨的辦公室？是否有插頭、消毒的熱水、冰箱等？這些都會牽涉到使用吸乳器或母乳如何保存等問題。

我問過幾個上班族媽媽是如何克服這些問題的，沒想到方法都很克難，比較好的是利用公司的熱水消毒，但也有人擔心消毒後，如果沒有風乾，還是會滋生細菌，因此乾脆把使用過的吸乳器，連母乳一起放入保鮮盒，然後冰進冰箱裡，利用低溫的環境避免細菌生長。倘若公司沒有冰箱，就必須自備保冷袋，再加上二塊冰磚，大約可維持十二個小時低溫的狀態。只不過天天背著兩塊冰磚上、下班，真的還滿重的。

職場媽媽也可以不塞奶

閉關兩個月之後，小薰終於重回職場上班。由於產後坐月子這段時間，家裡一切都有婆婆照料著，三餐外加點心、宵夜都準備好好的，因此她的身體恢復得還不錯，哺乳也還滿順利的，沒吃到什麼苦頭。

產後這段時間，婆婆不是準備雞酒，就是催乳的湯湯水水，吃了快二個月，真的好膩。回去上班後，她馬上跟著同事訂下午茶，每天蛋糕、雞排、珍珠奶茶輪著換，不過不到一週後，悲劇發生了，她開始感覺胸部有些脹脹的，用手去摸也好像有硬塊，難道是自己不忌口造成的嗎？

很多媽媽像小薰一樣，重回職場後，短時間內都發生塞奶現象。其實大部分都是因為生活作息及飲食改變，才會造成奶水淤積。坐月子時不是有長輩照料，就是在月子中心有專人服務，整天只要吃飽睡、睡飽吃，因此可以準時擠奶或哺乳。回去上班之後，時間無法像之前那麼有彈性，每天早上匆匆忙忙出門，在公司也可能忙到不可開交，想要抽出時間來擠奶真的很難。而延誤擠奶的下場就是塞奶。

此外，上班後又恢復成外食一族，油膩膩的炸雞腿或炸排骨便當，加上脂肪含量豐富的下午茶、點心，當然也就容易塞奶了。提醒媽媽們，每個人對脂肪酸的代謝力不同，有些人吃再多蛋糕也沒事，但也有人吃一、兩口就塞奶。此外，造成每個人塞奶的食物不同，例如吃高油脂的炸雞沒事，喝珍奶卻讓奶水淤塞了。因此，塞奶時請試著回想這兩天吃了什麼？是否有高油脂類的食物？盡可能找出讓自己塞奶的元兇，下次記得吃的量就要少一些。

告別母乳生活，聰明退奶不費力

退奶是每個哺乳媽媽必經的過程，不只自己要慢慢調適，也要顧及寶寶的需求及心理。

當寶寶快滿一歲時，對奶量的需求明顯降低許多，曉鈺覺得是時候該退奶了。生小孩前，並不特別覺得一定要餵母奶，但寶寶一出生後，經歷了脹奶、塞奶、追奶等過程，現在還計算著退奶，每一步都不容易，餵母乳的過程簡直可以寫成一部奮鬥史了！只是現在還差一步，就是如何聰明退奶，到底應該如何做，才能讓自己的ㄋㄟㄋㄟ漂亮地功成身退？有沒有輕鬆又自然的離乳方式呢？

隨著寶寶成長，對母奶的需求量越來越少，哺餵的頻率降低，自然就會慢慢離奶。不過也有媽媽是規劃型退乳，原本就計畫餵半年、一年、一年半……時間到了就不餵。由於之前還頻繁哺乳，乳腺發達性可能還很好，無法配合媽媽的規劃想停就停，這就好像行駛中的火車，一切已經上軌道了，要煞車的話也是需要緩衝的時間才行。

哺乳生活即將邁入尾聲，完美的退奶也是很重要的。由於每個家庭生活作息及哺乳型態不一樣，需要的退乳計畫也可能有所差異。

開始執行退奶後，乳管會漸漸地萎縮，殘存在裡面的乳汁，也會慢慢被身體自行吸收掉。此時，原本在乳房中的脂肪細胞，會因為退乳的關係，開始再度肥厚起來，它們會去填充乳腺管萎縮後的空間，隨著脂肪的肥厚、填充，胸部也會慢慢恢復到哺乳前的大小。

選擇親餵的媽媽，在退奶的過程中會感覺寶寶吸完奶後，乳房不再變得像之前那麼鬆軟，好像變得較沉一些。瓶餵的媽媽則會覺得退奶時，擠乳好像變得比較困難，不再像之前那麼好擠，擠完奶後也沒有鬆軟的感覺。

退奶方法有以下幾種：

親餵的媽媽，建議可採自然離乳的方式，慢慢降低寶寶喝奶的頻率，縮短每次喝奶的時間，寶寶不吸奶，媽媽的乳汁自然也就沒有了。例如原本一天八次，開始減少成一天七次、六次、五次……若是手擠乳的媽媽，此時應該把擠乳時間漸進式拉長，把頻率降低，讓大腦知道不需再生產那麼多奶，乳腺慢慢就會萎縮。瓶餵的媽媽們，建議可使用以下方式：

1. 先做乳房觸診，確定沒留置很久的深層硬塊，若有則需清除、排掉，避免乳汁吸收不完全而產生乳汁瘤。

2.開始調整擠乳時間、頻率，將其漸漸拉長。

3.每次擠完奶後可以稍做冷敷，以降低乳汁回填的速度。

4.開始調整飲食，少吃發奶食物。此外，也可以開始嘗試吃些冷性食物，例如瓜類、大（熟）麥芽、人參、韭菜等，但水分的補充不需減少。

有些媽媽會選擇吃退奶食物的方式，不過食物荷爾蒙的作用因人而異，每個人對食物反應不一樣，同樣吃韭菜，不一定人人都有效。選擇這種方式的媽媽，最好多預留一些彈性時間。

退乳後期開始，乳房不再有脹奶感，此時才適合開始穿有鋼圈、緊一點的內衣，減少乳房晃動的刺激，奶量也會跟著變少。

當然也有些媽媽覺得自然退乳太麻煩，因此想要迅速退乳，此時就需要利用打針或吃藥的方式來達到效果。不管退奶針或藥物都是荷爾蒙製劑，是以抑制乳汁的荷爾蒙來進行調節，這種方式效果會比較快，但還是會有過渡期，不是馬上打就會立刻停。每個人狀況及乳腺發達程度不一樣，例如哺乳第三個月跟一年後打，一定是後者效果比較明顯。如果媽媽要選擇用這種方式，還是需要事先跟醫師討論。

退奶不完全，可能形成乳汁囊腫

退奶時，身體會吸收殘存在乳管裡的奶水，如果吸收不完全，可能會產生乳汁囊腫。在穩定的狀態下，乳汁囊腫不會影響身體健康，但若身體被細菌侵犯，就有可能造成乳腺炎或膿瘍，甚至形成腫瘤。尤其是哺乳時曾發生乳腺阻塞或發炎的媽媽們，更應該特別注意這方面的問題，很多媽媽以為當時情況已經好轉，因此沒有進一步處理完全。乳汁囊腫也有造成病變的疑慮，不管是良性或惡性腫瘤，都需至乳房外科持續追蹤。

預防走山，如何退奶不縮胸？

曼青從小就是個愛漂亮的女生，喜歡活在別人的讚美聲中，因此細心保養自己的臉蛋或身材，即使懷孕期間也不曾懈怠，不管是妊娠霜或美胸霜，幾乎一天照三餐擦，就怕肚子留下紋路或胸部走山。從懷孕開始，她就發現自己的乳房一直變化，尤其是產後，脹奶更是嚴重。每次哺餵寶寶時，雖然心情非常滿足，但她總忍不住會想：「現在胸部又大又垂，加上寶寶不斷拉扯，以後胸型還可能恢復嗎？」

胸部走山，是所有生過小孩的女性共同的困擾，曾經哺乳的媽媽們，想要維持漂亮的胸型，有可能嗎？

哺乳後乳房外擴、下垂，胸型就像走山一樣，是很多媽媽心中共同的痛。其實胸部會變形，並不是哺餵母乳的關係，兇手是懷孕時身體分泌的「鬆弛素」。鬆弛素是一種荷爾蒙，會讓全身韌帶變鬆，當然也包括骨盆，這樣才能容量日益成長的胎兒。受到鬆弛素的影響，胸部的韌帶及肌肉也會變鬆，這樣乳房才能變成一個更大的袋子，乳腺才有空間發達起來。雖然生產後，鬆弛素濃度會越來越少，身體組織彈性會漸漸回來，但有些媽媽哺乳時間較久，乳房重量變大，而且一直被拉扯著，想不變形都很難。

想要避免乳房走山，就要懂得預防之道：

1. **不要過分擠乳**：供需平衡是最好的狀況，如果媽媽不停擠奶，讓奶水供應一直大過需求，乳房皮膚及韌帶延展性一直被拉扯，就比較難恢復原形。

2. **盡量親餵**：親餵不用刻意擠奶，供需平衡就不會過度分泌乳汁，乳房彈性會比較好。

3. **胸部肌肉訓練**：讓肌肉比較緊實，乳房就會感覺比較挺，脂肪不會攤成一大片，形狀就不會跑掉，也不會覺得胸部變小。

常見迷思

Q：哺乳期間喝酒跟咖啡，會影響寶寶的神經發育？

正解 擠奶後再喝比較好！

懷孕時，為了寶寶發育著想，媽媽們對於飲食總是格外小心，這個不能吃、那個不能碰。好不容易熬完懷胎十個月，以為可以大解放一下，沒想到禁忌還是很多，例如酒跟咖啡就常被列入黑名單，想跟姐妹淘喝咖啡或小酌一下都不行。有些媽媽不小心喝了一點含酒精的飲料，還把當餐的奶水擠出來丟掉，不敢給寶寶喝。其實，媽媽們不用如此緊張，還是可以小小放鬆一下，只要記得擠完奶後再喝，距離下次擠奶的時間不要太短，就不用太過擔心！

酒精：只要酒精濃度沒有太高，喝完酒後大約三到四小時左右會代謝完成，血液中的血精濃度也就沒剩多少。原則上，一天兩罐啤酒的量是沒問題的。

咖啡：和酒精相比，咖啡因相對地安全許多，一天一杯都不算超標。不過通常喝完一小時，體內的咖啡因濃度較高，此時應避免哺乳。

Q：媽媽吃辛辣食物，餵母乳時寶寶不愛？

正解 **不會，但會影響母乳的氣味。**

生完小孩後，好不容易可以解禁一下吃個麻辣火鍋，卻擔心辣味會不會跑到母乳中，讓寶寶也跟著辣到，或變得躁動不安。的確，母乳的成分及氣味會隨著媽媽的飲食而變化，但吃辛辣食物後寶寶會排斥喝奶，主要不是因為被辣到了，而是不習慣辛香料的氣味。小朋友初期發展最好的是嗅覺，因此若家中的寶寶比較敏感一些，媽媽們就要斟酌一下自己的飲食內容。

Q：母乳色澤越濃稠，代表營養越豐富？

正解 **錯，每個時期孩子所需的營養成分比例不一樣，並非越濃稠越好。**

母體會隨寶寶的成長調節乳汁濃度及營養成分，不需把母乳的顏色與濃稠度，與其他哺乳動物的乳汁（例如牛奶、羊奶）做比較。唯有適合寶寶成長的乳汁，才最營養。

Q：寶寶六個月大之後，母乳營養不夠用？

正解 錯，乳汁中的抗體是重要的免疫成分。

當寶寶開始吃副食品之後，對母乳的需求不再像之前那麼高，很多人以為此時就不再需要母乳，因為營養及熱量供給已經不能符合寶寶的成長所需。

其實，母乳中含有無可取代的「抗體」，有助於寶寶提升免疫力，有研究顯示，哺乳第二年之後，母乳所含的抗體甚至比第一年更多。幼兒一歲之後，會更常暴露在感染源眾多的環境中，而母乳中所含的特殊成長因子，可以協助免疫系統成熟，並幫助腦部、腸胃道以及其他器官的發育。

Q：喝母乳寶寶容易缺鐵？

正解 錯！母乳中所含的鐵質最適合寶寶。

市售的配方奶常會強調額外添加豐富的鐵質，因此很多人被誤導，以為喝配方奶的寶寶一定不缺鐵，而母乳寶寶的鐵質可能不足。其實，母乳中鐵質的生物利用率是最符合寶寶的，而配方奶的鐵質成分不易被寶寶完全吸收，所以才會大量添加，如此才能確保寶寶吸收到足夠的鐵質。

隨著寶寶發展育成熟，母乳中的鐵質會逐漸追不上寶寶的需求，建議四到六個月大時，就可以開始添加副食品來增加鐵質攝取量，或每天補充1mg/kg鐵劑。

Q：懷孕後乳暈變黑，生完小孩很難白回來？

正解　對，需要很多年才能恢復正常。

剛出生的寶寶視力發展還不完全，眼前還是模糊一片。為了讓寶寶看得見乳頭，找對地方吸奶，媽媽從懷孕開始荷爾蒙就會分泌變化，讓乳暈變黑、變大，加上產後寶寶喝奶時吸吮摩擦，黑色素會沉澱得更嚴重。

乳暈變得黝黑，是很多媽媽都會在意的問題，不過想要恢復到產前的狀態並不容易，除了要耐心保養之外，還需要很多年的時間才行。幸好現在已經可以使用醫美方式來淡化乳暈，愛美的媽媽們可以嘗試看看。

Q：小胸媽媽泌乳量比較少？

正解　泌乳量跟乳腺的發達性有關，跟胸部大小無關。

很多人都有這樣的誤解，以為胸部大的媽媽就和乳牛一樣，泌乳量可以源源不絕，而胸部小的媽媽一定會貧乳，讓小孩喝不飽。這真的是大錯特錯的觀念。

每個人乳房的脂肪細胞數目都是一樣的，為什麼妳的乳房會比較大，我的會比較小呢？其實是來自於脂肪細胞的胖瘦，脂肪細胞越大、脂肪墊越肥厚的人，胸部就會越大，不過這和泌乳量沒有絕對的關係。

影響奶量多寡的原因，除了乳腺發達性之外，跟年齡、荷爾蒙、新陳代謝、體型跟心情都有關係，因此即使是平胸的媽媽們還是可能有充沛的奶量，而外觀像波霸的媽媽們，也可能有泌乳量不足的困擾。

5

產後更輕鬆，健康動起來

產後瘦身運動，幫助身體盡快恢復正常！

懷孕之後，胎兒一天天長大，讓媽媽身體重心逐漸向前轉移，加上荷爾蒙的作用，也讓身心開始產生變化。大約孕期四個月左右，卵巢會分泌黃體素與鬆弛素，導致韌帶變鬆、支撐力下降，進而產生關節不穩定與腰痠背痛等現象。很多媽媽會抱怨產後很難瘦，這是因為懷孕時胎盤會分泌胎盤素，能促進新陳代謝與脂肪燃燒，但產後胎盤素急速下降，新陳代謝也會跟著變慢，因此脂肪易堆積在身上。

寶寶出生之後，媽媽就應慢慢調適及改善懷孕時所造成的身心變化，透過運動來調整身體的狀況，不僅有助於恢復身材，也能讓心情變得愉快、自信！適當的運動能幫助骨盆韌帶排列恢復正常位置，而且能強化腹肌及骨盆肌群，除了減輕生產時所造成的身體不適，也能改善身體功能失調的狀況，例如腰痠背痛、骨盆擴大等。產後第二天（剖腹產視身體狀況而定），即可視情況進行產後運動。不過，此時身體還未完全復元，若感覺過程中有疼痛不適等狀況時應馬上停止，千萬不要為了求好心切而勉強做完。

腹式呼吸

利用腹式呼吸來收縮腹肌是最溫和、最簡單的產後運動，
只要身體沒有不適感，產後第一天即可開始訓練喔！

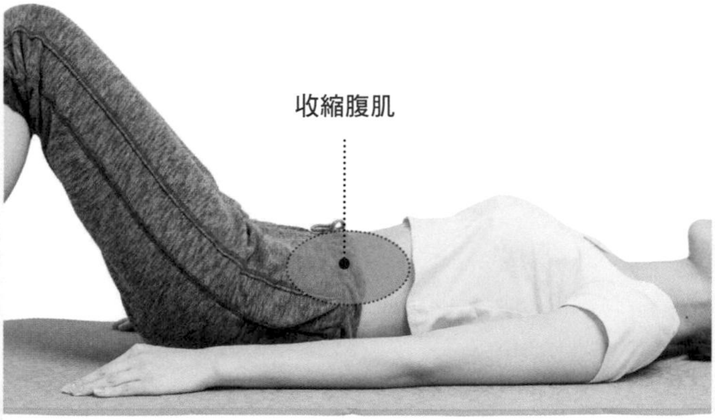

STEP 1

仰臥地面（剖腹產的媽媽腳可微彎），用鼻子慢慢吸入空氣，將空氣收入下腹，此時腹部鼓起，下背部緊壓地面，保持一會兒。

STEP 2

用嘴巴慢慢吐氣、放鬆。
（相同動作重複五到十次）

骨盆運動
（產後第一天）

不管是自然產或剖腹產，產後皆有骨盆腔移位的問題，骨盆運動有助其恢復產前良好位置，只要勤加練習，就能解決產後骨架變寬、屁股變大等困擾。

此外，深呼吸能帶動淋巴循環，促進廢物代謝，同時有助於放鬆及緩和情緒，而提肛、縮緊臀部的凱格爾運動，則有強化核心肌群的作用。

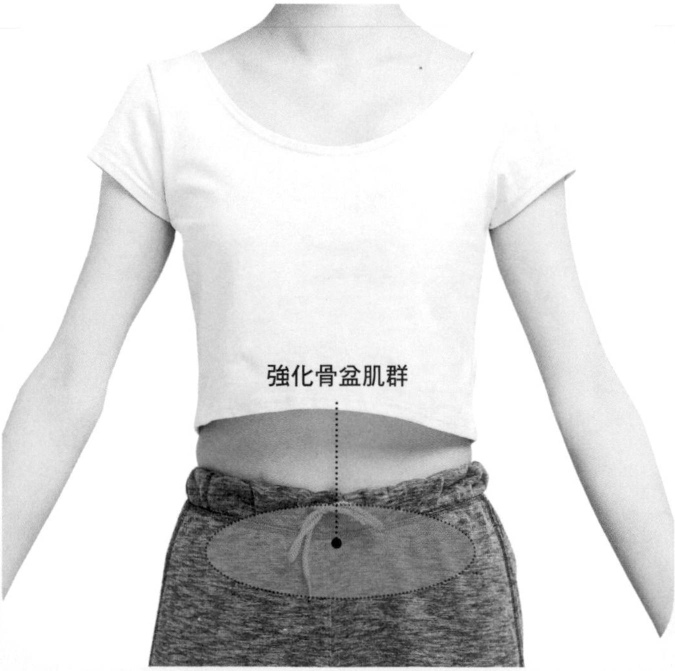

躺姿

膝蓋微彎，雙手放置髂骨，
輔助骨盆前傾及後傾增加骨盆活動度，
配合腹式呼吸，吸氣時前傾，吐氣時後傾，
並縮緊臀部增加骨盆底肌訓練。

STEP 1

STEP 2

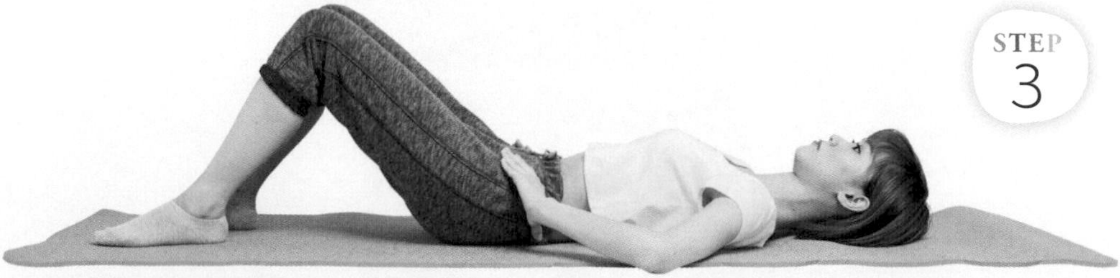

STEP 3

站姿

腳與肩同寬，雙手放置髂骨，
輔助骨盆前傾及後傾增加骨盆活動度，配合腹式呼吸，
吸氣時前傾，吐氣時後傾，並縮緊臀部增加骨盆底肌訓練。

STEP 1

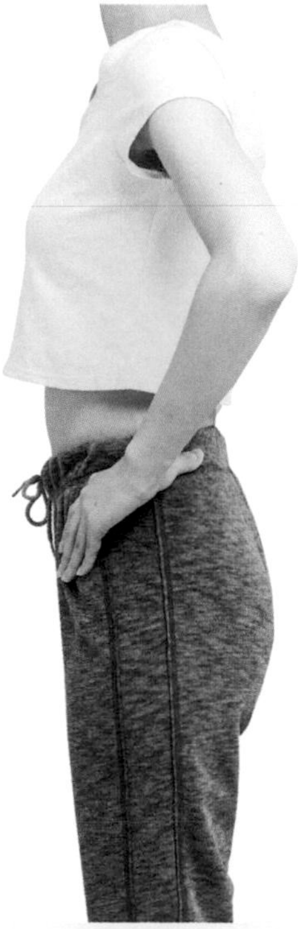

吸氣

STEP 2

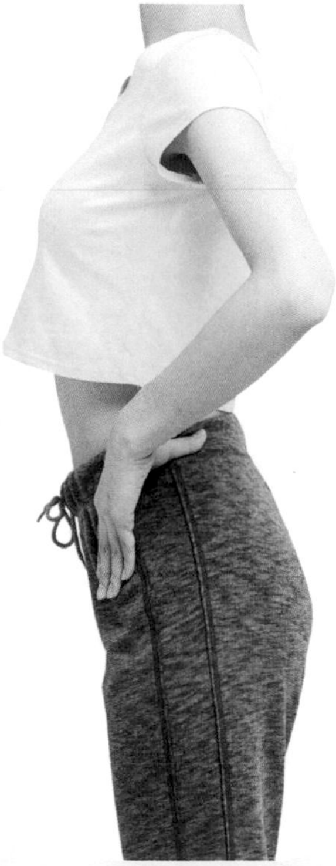

吸氣

STEP 3

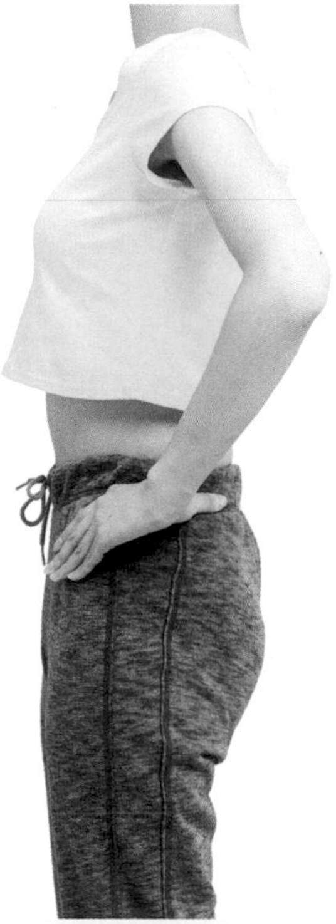

吐氣

頸部與上腹部運動

（產後第三天）

產後感覺腰痠背疼是媽媽們共同的現象，
此運動能訓練上腹肌，使頸部與背部肌肉得到舒展。

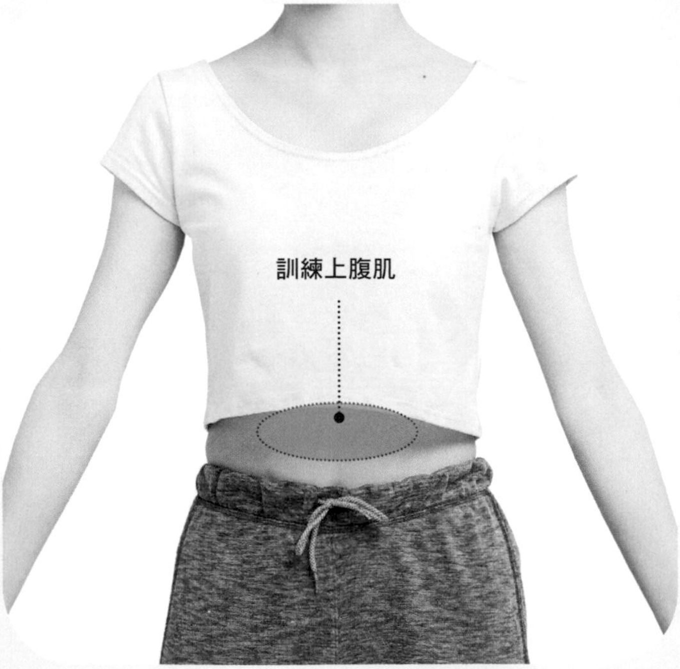

STEP
1

坐姿，雙腿彎起，雙手扶住外膝部。

STEP
2

舉起頭並加強縮緊下巴，
保持身體其他部位不動，
重複十到十五次。

腿部運動

（產後第五天）

卸貨之後，子宮開始慢慢恢復，而子宮收縮正常，
能加速身體復元，並且幫助惡露排出體外。
產後腿部運動可以藉由腹肌訓練來促進子宮收縮，
還能改善腿部血液循環，消除浮腫現象，達到修飾腿部曲線的效果。

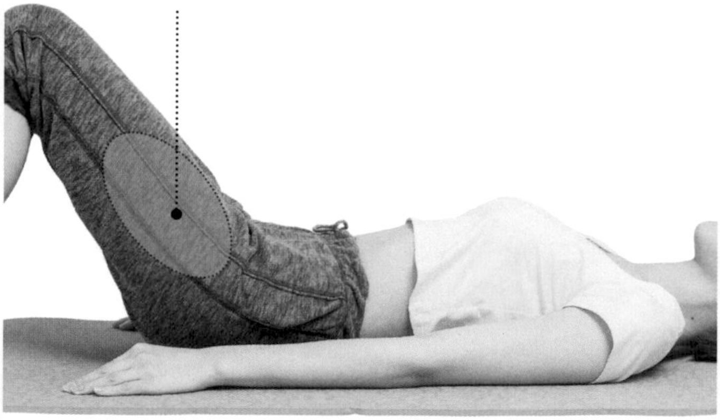

STEP 1

平躺，手自然擺放在身體兩側，不要用力。

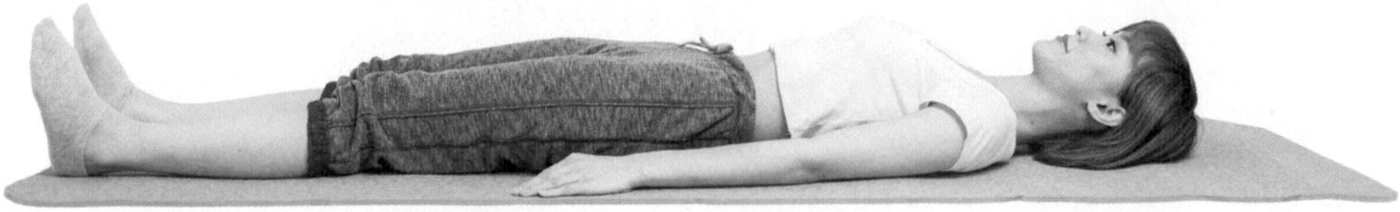

STEP 2

單腿舉起與身體呈四十五度角，另一腿平放於地面，之後舉高的腳慢慢平放下來，換另一腳輪替抬高至四十五度角。相同動作重複十到十五次。

會陰肌肉收縮運動

（產後第十天）

此運動能加強臀肌、骨盆底肌及陰道肌群訓練。
藉由收縮會陰部肌肉，能促進血液循環及傷口癒合，
減輕局部疼痛腫脹，並且達到預防子宮、膀胱、陰道下垂、
促進膀胱控制力、改善頻尿及幫助縮小痔瘡等作用。

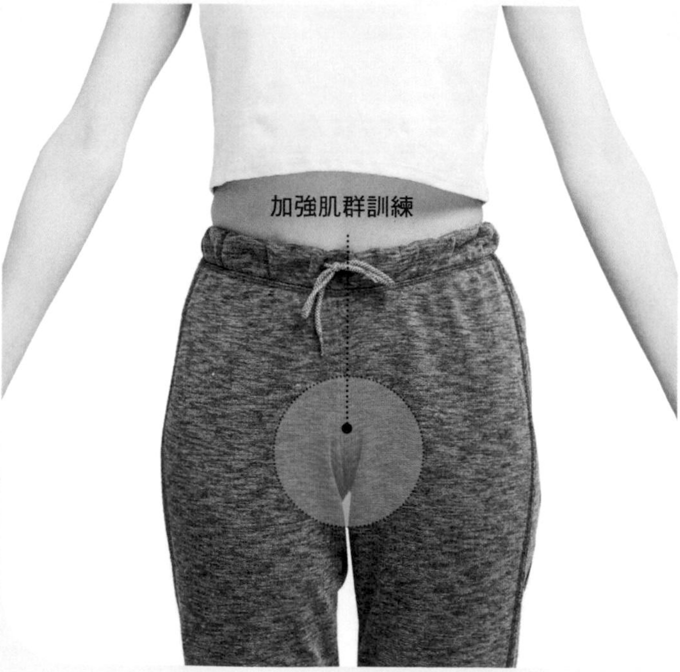

STEP 1 躺姿，雙手掌朝下貼在地上，雙腿彎成直角。

STEP 2 身體挺起，兩膝併攏腳分開，同時收縮臀部肌肉。相同動作重複數次。

進階版 雙手掌朝下貼在地上，並在雙膝間放一包衛生紙，以加強腿部力氣訓練。雙手也可改為扠腰。

腹部收縮運動

（產後第十四天）

生完小孩後變成「小腹人」，是很多媽媽共同的夢魘，
產後加強腹肌訓練，可以讓腹部緊實，減少脂肪堆積，
有助於恢復回小姐身材，
從此不必再用寬鬆上衣遮掩肉肉的小肚子喔！

初階版

STEP 1 平臥地上，雙腳彎曲，雙手往身體前方伸直。

STEP 2 坐起，兩腿往前伸直、併攏貼地。
相同動作重複數次。

進階版

STEP 1 平臥地上，雙腳彎曲，雙手抱胸。

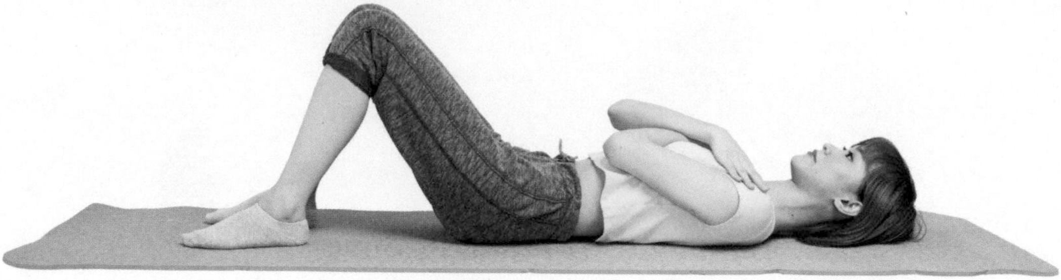

STEP 2 坐起，兩腿往前伸直、併攏貼地。
相同動作重複數次。

舒緩媽媽手

許多新手媽媽都會發生「媽媽手」上身的情況，這是因為抱小孩時受力的主軸在手部，造成局部肌肉與韌帶過度使用。媽媽手急性期時，除了第一時間適度休息並且避免肌腱持續發炎之外，適度搭配手部肌肉伸展運動，有助於局部放鬆，也是舒緩腕部或手指不適的好方法。

不過，操作手部運動時，須特別留意應在沒有疼痛的前提下進行，並且謹記「緩慢、輕柔」兩大原則。請依據個人狀況，一天反覆練習數次，有助於紓解紅、腫、脹、痛等不適。

媽媽手急性發作時，大約需持續做四週的舒緩伸展運動，或在操作以上急性期運動時，已無不適感，就可以進一步進行緩解期的兩個肌力訓練動作，能預防一再地復發。

急性期

大拇指肌肉拉筋放鬆

STEP 1 手放在身體的前方，讓大拇指朝向天花板。

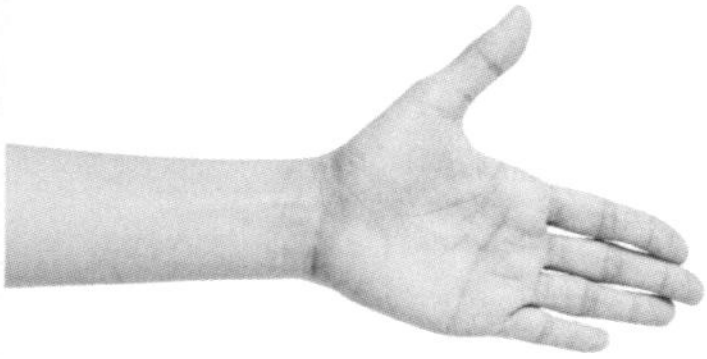

STEP 2 保持同樣的姿勢，大拇指彎曲，讓其他四指包住大拇指並握拳。

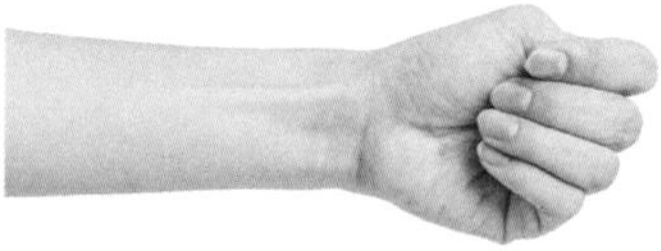

STEP 3 拳頭慢慢地朝地板方向下拉，動作過程中會感覺手部緊緊的，若是覺得疼痛請先暫停。（此動作可一次做十下，每次停留十秒鐘，一天做三次。）

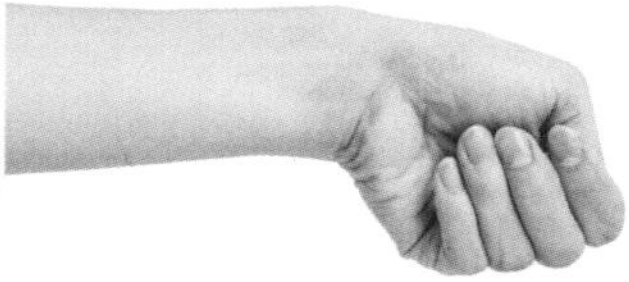

急性期

大拇指外展運動

STEP 1 手向前伸直，手掌朝下跟地板平行。

STEP 2 大拇指在食指下方，此為起始動作。

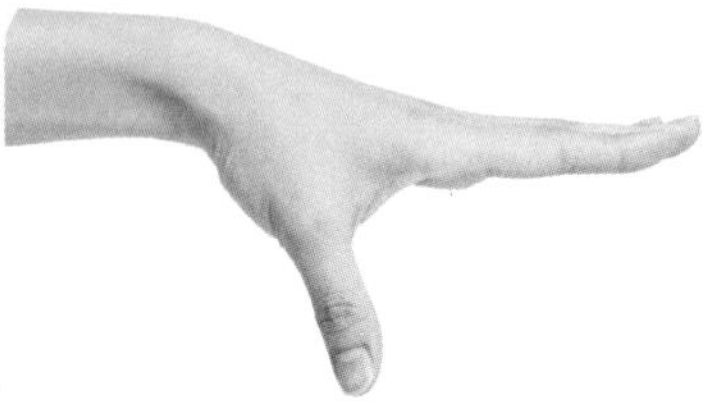

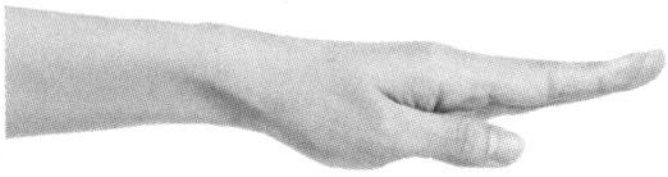

STEP 3 大拇指慢慢打開、遠離食指，最後與食指呈九十度。

STEP 4 大拇指慢慢地回到原來位置。（此動作可一次做十下，每次停留十秒鐘，一天做三次。）

急性期

手腕、手指拉筋放鬆

STEP 1

雙手向前伸直，手掌朝向天花板。

STEP 2

另一隻手抓住患側手指處，往地板方向拉緊。

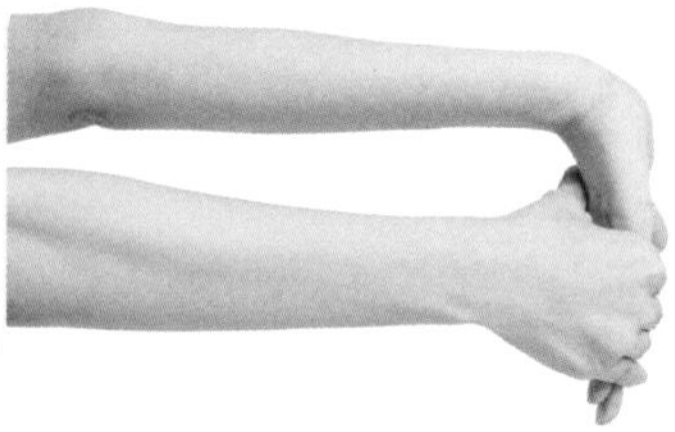

STEP 3

慢慢回復原位。做此運動時前臂內側（小指側）會感覺緊緊的，但不能有疼痛感。（此動作可一次做十下，每次停留十秒鐘，一天做三次。）

緩解期

大拇指外展肌阻力運動

STEP 1

將手指遠端指節伸直，近端稍微彎曲，其他手指頭都微微打開。

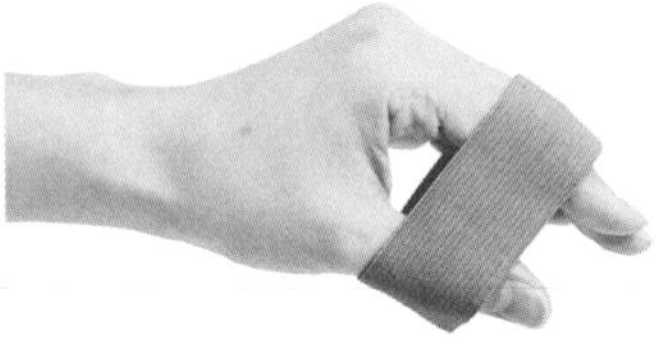

STEP 2

拿一條橡皮筋（或彈力帶），圈住大拇指與其他四指，橡皮筋會提供阻力。

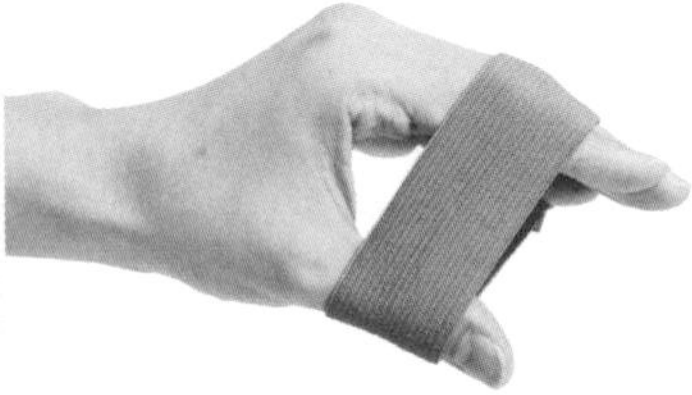

STEP 3

大拇指將橡皮筋朝外拉開，盡可能打開與食指呈現直角，感覺肌肉收縮的作用，再慢慢回復原位。（此動作可一次做十下，每次停留十秒鐘，一天做三次。）

緩解期
握力訓練

STEP 1

手握住毛巾捲或是海綿球。

STEP 2

手指頭用力抓緊毛巾捲或是海綿球，直到凹陷為止，之後再慢慢回復原位。

防止走山的美胸運動

生產後因為鬆弛素的影響，加上哺乳時地心引力的拉扯，胸部難免會走山、變型。很多媽媽以為等哺乳期結束後再來健胸就可以，其實這是錯誤的想法，產後就可以開始進行輕量訓練喔！

塑胸運動

（產後第一天）

STEP 1 找個舒服的地方躺下來。

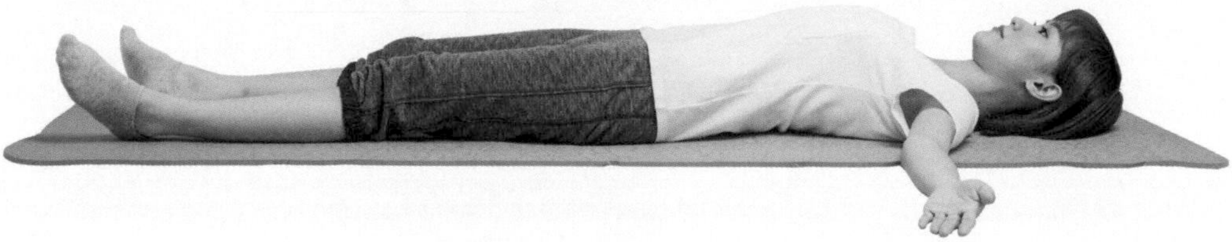

STEP 2 雙手手肘伸直，在胸前重疊成「一」字型，手掌合緊。

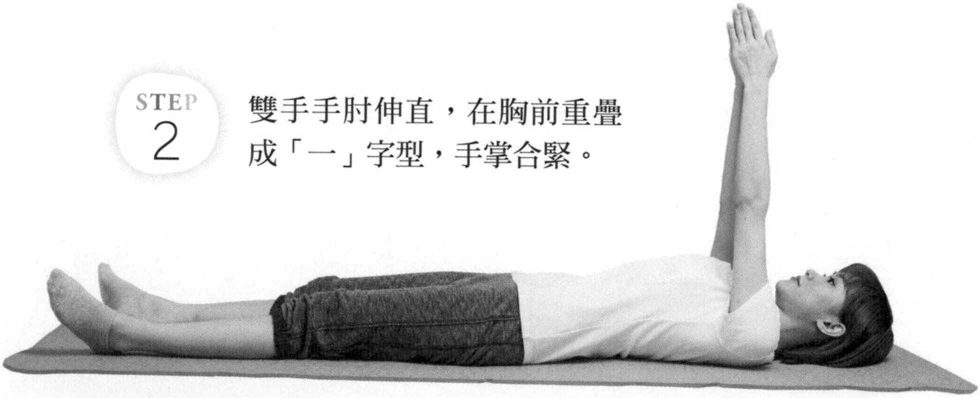

塑胸運動

（產後第二天）

STEP 1

雙手手肘彎曲，
與身體平行成
「ㄩ」字型。

STEP 2 吐氣時雙手的手掌、手臂及手肘慢慢合緊。

STEP 3 雙手微微向上提高至與肩膀同高。動作時要保持正常呼吸，不能閉氣。

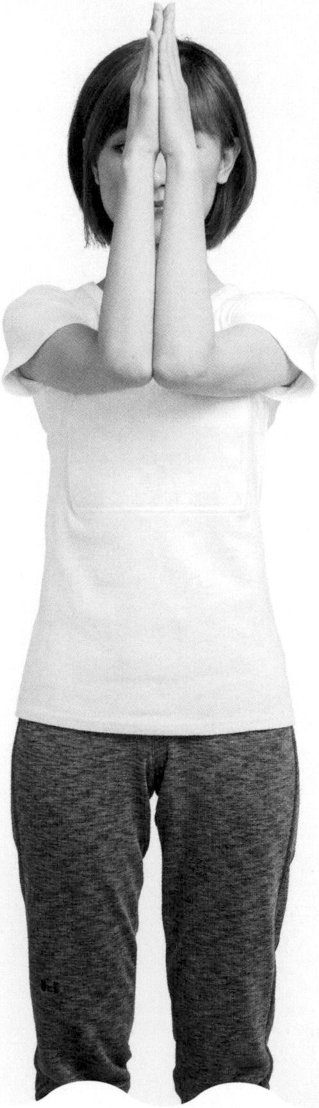

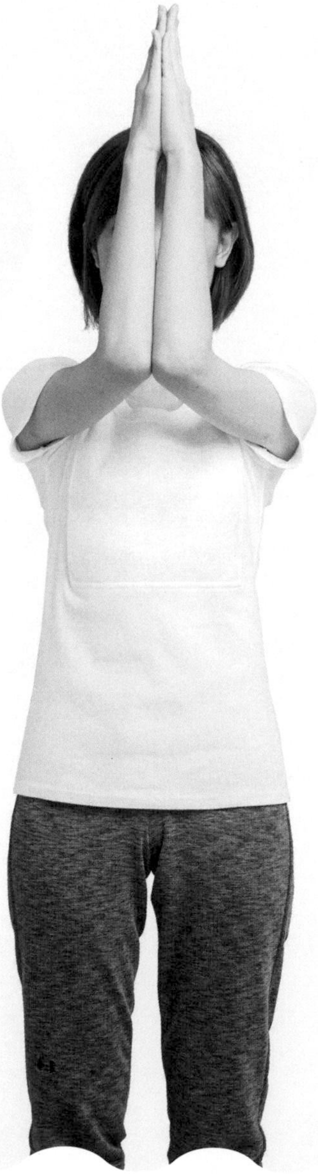

堅挺胸型運動

STEP 1 雙腳站直、併攏，雙手握拳放在胸前。

STEP 2 踮起腳尖，雙手手肘向後擺動，同時胸部向前挺出，縮小腹。

提胸運動

（防止下垂）

STEP 1

雙手手肘彎曲，並且在胸前重疊。

STEP 2

手臂向上提高至頭頂上方，然後放下。做動作時要保持正常呼吸，不能閉氣。

緊實胸型運動

STEP
1

雙手抬起與肩同高，並且交叉、相互握住另一側的上手臂。

STEP
2

雙手用力向左、右兩邊推擠，感受到胸部肌肉有向上用力的感覺。

集中胸型運動

坐在椅子上，抬頭挺胸，雙手手肘彎曲呈直角，
雙手間夾住一本書，置於胸前。

重力豐胸運動

STEP 1

雙腳併攏站立，雙手各握住一瓶礦泉水瓶（或啞鈴），向左右兩側打開，舉至與肩膀平行的高度。

STEP 2

雙手向上舉起，手臂貼緊耳朵，停住約三秒鐘，接著慢慢放下。

國家圖書館出版品預行編目資料

無壓力・零痛感 第一次哺乳就上手 / 陳思庭著.
-- 初版. --
臺北市：平安文化, 2018.9 面；公分. --
（平安叢書；第0609種）（親愛關係；22）

ISBN 978-986-96782-3-0（平裝）

1.母奶餵食 2.育兒

428.3 107014089

平安叢書第0609種
親愛關係 22

無壓力・零痛感
第一次哺乳就上手

作　者—陳思庭
發 行 人—平雲
出版發行—平安文化有限公司
台北市敦化北路 120 巷 50 號
電話◎ 02-27168888
郵撥帳號◎ 18420815 號
皇冠出版社（香港）有限公司
香港上環文咸東街 50 號寶恒商業中心
23 樓 2301-3 室
電話◎ 2529-1778 傳真◎ 2527-0904
總 編 輯—龔橞甄
責任編輯—張懿祥
美術設計—王瓊瑤
著作完成日期— 2018 年 3 月
初版一刷日期— 2018 年 9 月

法律顧問—王惠光律師

讀者服務傳真專線◎ 02-27150507
電腦編號◎ 525022
ISBN ◎ 978-986-96782-3-0
Printed in Taiwan
本書定價◎新台幣 380 元 / 港幣 127 元

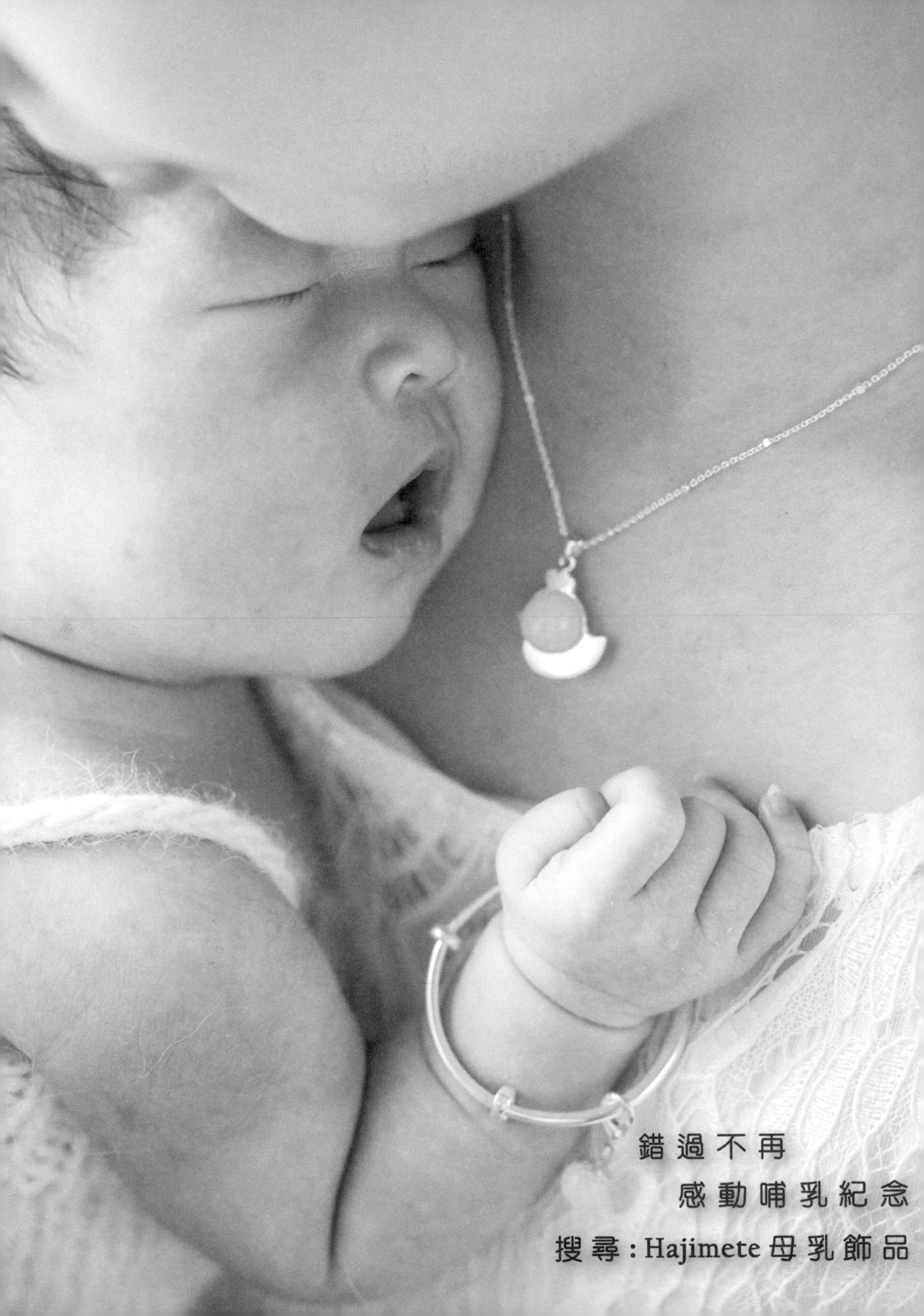
錯過不再
感動哺乳紀念
搜尋：Hajimete母乳飾品

大地之愛
媽咪樂哺
- 侯佩岑貼心推薦 -
哺乳舒緩呵護膏
有機認證 給媽咪、寶寶最安心的呵護
No.1
全美銷售
滋潤、修護、舒緩乳頭不適
植物成分，好吸收、清爽不油膩
免除寶寶因吸吮而接觸到石化成分
美國眾多婦產科醫生，助產士及哺乳顧問
強力推薦的婦嬰保養護理品牌
全系列產品堅持只選用有機認證的天然草本成份來滋養、舒緩和呵護懷孕及授乳時期的媽媽與寶寶，絕不使用防腐劑、人工香料及任何石化衍生物。以其對天然、安全的堅持，陪伴每個女人一生中最重要的階段。
大地之愛
媽咪樂哺系列
Motherlove
NIPPLE CREAM
Motherlove
FENUGREEK
Motherlove
PREGNANT
BELLY SALVE
＊Spins 市調公司2017年針對全美天然通路調查，Motherlove 媽咪樂哺哺乳營養補充品與身體保養品具50%以上的No.1市占率
LOVE 大地之愛 服務專線：0800-888-723 www.earthlove.com.tw